儿童成长
心理学

吴婉绚 ◎著

黄河出版传媒集团
阳光出版社

图书在版编目（CIP）数据

儿童成长心理学 / 吴婉绚著. -- 银川：阳光出版社, 2019.10
ISBN 978-7-5525-4964-5

Ⅰ. ①儿… Ⅱ. ①吴… Ⅲ. ①儿童心理学②儿童教育－家庭教育 Ⅳ. ①B844.1②G782

中国版本图书馆CIP数据核字(2019)第153259号

儿童成长心理学

吴婉绚　著

责任编辑　金小燕
封面设计　魔童妈妈
责任印制　岳建宁

黄河出版传媒集团
阳 光 出 版 社　出版发行

出 版 人　薛文斌
地　　址　宁夏银川市北京东路139号出版大厦（750001）
网　　址　http://www.ygchbs.com
网上书店　http://shop129132959.taobao.com
电子信箱　yangguangchubanshe@163.com
邮购电话　0951-5014139
经　　销　全国新华书店
印刷装订　北京盛通印刷股份有限公司
印刷委托书号　（宁）0014033

开　　本　889mm×1194mm　1/16
印　　张　15.75
字　　数　180千字
版　　次　2019年10月第1版
印　　次　2019年10月第1次印刷
书　　号　ISBN 978-7-5525-4964-5
定　　价　42.00元

推荐序　给你一把打开孩子内心世界的钥匙

　　你是否因为孩子总是哭而感到苦恼，因为孩子经常说谎而感到担忧，因为孩子不愿与你交流而感到无奈，又或是抱怨"我怎么就生了这么一个熊孩子"？其实这些问题是因为在成长过程中，孩子的心理在悄悄发生变化，而你未能及时捕捉到这一信息，于是你和孩子之间就产生了一条鸿沟，好在这并非是一条不可跨越的鸿沟。婴儿时期的啼哭分为病理性哭闹和生理性哭闹，只有知道孩子为什么哭闹之后，你才不会手足无措。儿童的谎言有类别之分，对待孩子说谎这件事，不能只通过暴力这一简单的方式来解决，因为谎言往往能暴露孩子的内心世界，如果你不想方设法打开那扇门，那就只能永远站在门外，什么也做不了。孩子不愿意和你交流，只是孩子的问题吗？为什么孩子会抗拒你，也许是因为孩子不信任你，也许是因为你说的话无法打动孩子，所以孩子只能选择关闭心门，把自己藏起来。本书将给你一把打开孩子内心世界的钥匙，教你读懂孩子，做孩子的朋友。

　　作者深入儿童、家长及老师群体，收集各种案例，列举了一系列儿童常见的行为和心理问题，以各国著名心理学家的研究成果作为理论支撑，再通过浅显易懂的语言进行分析和讲解，让你轻松读懂"皮格马利翁效应"和"俄狄浦斯期"等心理学专业术语，帮你用科学有效的方法教育孩子，做一个合格的引路人。

　　本书遵循孩子的成长规律，针对孩子在每一时期不同的心理特征，做出细致的分析，并给出相应的处理办法，让家长能更加从容地面对孩子依赖父母的婴幼儿期、懵懂好奇的小学期、身心萌动的青春期、脾气暴躁的叛逆期等各个时期。

做称职的父母，陪伴孩子健康快乐地成长，让我们一起期待小树苗长成参天大树的那一天。

长江大学教育学院教授、心理学硕士研究生导师

王家奇

目录 *CONTENTS*

第二部分

面对成长期的孩子，父母如何应对

第一部分

捕捉孩子成长期的心理

第一章　依赖父母的婴幼儿期

——孩子到底在想什么

01　哭也是一种语言

　　宝宝的啼哭一直是困扰新手父母的一大难题。宝宝一啼哭，父母的心便随之紧张。宝宝不会说话，父母无法切实了解宝宝的实际需求。面对这种情况，新手父母们不要紧张，先观察一下孩子是怎么哭的。

心理专家这样说：哭是孩子情感和情绪的表达

　　从心理学角度讲，哭是孩子情感和情绪的一种表达方式。哭是他们对自己不愉快感知的惊讶，且往往带有怜悯、反省的成分。哭是以对比、知识及思考为前提的，是人类的一种特质，也是人类悲伤的一种外在表现。

　　婴儿的哭闹其实是一种健康的表现。婴儿通过哭泣向父母传达一种需要。父母若能及时且正确解读孩子的哭泣，他们与孩子的关系一定会变得更为亲密。身为父母，应该学会观察孩子的举动与情绪。这需要父母集中精力、耐心观察，切忌焦急忧虑。

我的孩子总是哭

小春是一位新手妈妈。在日常生活中，她最苦恼的莫过于不知道小宝宝为什么哭泣。孩子一哭，她就会陷入烦躁的状态。有时候，她也会安慰自己，哭闹是每个孩子的本能。但她更想知道的是，这样不愉快的情绪究竟是由什么引起的？

一般来说，婴儿的哭闹可分为病理性哭闹与生理性哭闹。这两种哭闹的本质区别在于是否有疾病。

1.病理性哭闹

病理性哭闹常有以下特点：哭闹时间长且剧烈，声音尖细或者低沉。同时，病理性的哭闹还会伴随着某些特定的症状或体征，这是孩子在向你发出信号——我生病了！这时，父母应当牢记婴儿常见的疾病，如口腔溃疡、鼻塞、脑膜炎等，一旦孩子出现异常哭闹，应及时带孩子就医，以免延误病情。

以肠绞痛为例。如果一个不足五个月大的孩子连续三周甚至更长时间，每天出现长达一小时以上的哭闹，而孩子本身身体状况并无大碍，家长们可以考虑孩子是否出现了肠绞痛的症状。孩子出现肠绞痛后，往往还会伴有蹬脚、放屁等表现。通常情况下，孩子的肠绞痛会出现在清晨六点左右。

那么，怎样以宝宝缓解这种疼痛呢？

热敷腹部　一旦孩子因肠绞痛而哭闹，不妨让他俯卧在暖水袋上，以缓解疼痛感。

涂抹挥发性药膏　有时候，家长也可以在孩子的肚皮上涂抹薄荷等易挥发的物品，促进肠道排气。

竖抱宝宝　将宝宝竖着抱起，然后轻拍宝宝的背部，帮助宝宝排出腹部过多的气体。

2.生理性哭闹

生理性哭闹包括：因饥饿、口干引起的哭泣（常见于三个月以内的婴儿）；因湿、痒、冷、热等感到不适引起的哭泣（常见于尿不湿未及时更换）；因衣着不当感到不适引起的哭泣；因想要大小便引起的哭泣（常见于未经过训练的孩子）；因周围没有人感到孤独引起的哭泣，等等。

生理性哭闹最显著的特点莫过于孩子的哭泣声会从轻慢慢转响，直到声音洪亮。在满足孩子的需求后，其哭声随之停止。

在了解完孩子哭闹的原因后，父母也应适当了解一些预防、安抚孩子哭闹的方法：可以通过让孩子吮吸乳房、手指、奶嘴的方式来安抚孩子；也可以用有节奏的轻音乐来安抚孩子；还可以将孩子放置在婴儿车里推动、轻摇。

02 手指真的那么好吃吗

有研究者对2650个宝宝做过调查，其中，46%的宝宝有吃手指的习惯。关于宝宝们的这个习惯，很多父母都会有"这样的习惯是好是坏，是否应该强行戒除"的困惑。其实，这是孩子口腔期的正常表现，以科学的方式处理即可。

心理专家这样说：不能越过的口腔期

婴幼儿对于这个世界的认识最早是通过嘴进行的。心理学家弗洛伊德将新生儿出生的第一个性心理时期命名为"口腔期"，并将其视为人格发展的首个基础阶段。口腔期约发生在孩子出生后的0到18个月。

所以，孩子一岁半以前的吃手指行为，可以视为一种正常表现。但是当年龄增长，吃手指现象 仍未消失时，就可以判断孩子的行为出现了偏移，需要及时进行干预和纠正，避免这一不良行为成为顽固性习惯。

手指真好吃

小林夫妇对宝宝吃手指的行为向来十分排斥。因为他们知道，吃手指容易将外界的一些病菌带到孩子体内。如果孩子的抵抗力不足，很容易引发病痛。并且，吃手指的动作很容易干扰宝宝上下颌的正常生长发育，影响切咬食物的能力和脸部的正常发育。为了宝宝的健康发育，小林夫妇开始强行阻止宝宝吃手指，与此同时，他们发现孩子的脾气似乎越来越坏了。

案例中的小林夫妇违背了弗洛伊德的理论，他们通过强行改变习惯的方式来遏制孩子吃手指。

然而，对于年龄尚小的孩子来说，吃手指并不是大问题。一般到两三岁时，孩子就会逐渐改掉这个习惯，所以不妨先观察一段时间。

父母怎样帮助孩子戒除吃手指的习惯

值得注意的是，孩子在口腔期时是应当被满足的。吃手指的行为可以给他们提供安全感，避免心理失衡。像小林夫妇这样的强行遏制行为，容易给孩子造成过大的心理压力，使孩子长大后容易焦虑，没有安全感。

在宝宝有过度吃手指的倾向时，父母可以选择其他更加温和的方式来帮助他们戒除该习惯。

把手放在别的地方　帮助宝宝提升手部能力，引导宝宝用手去拿东西。慢慢地，宝宝会发现手不仅可以用来吃，还可以做其他各种动作，吃手指的行为就会越来越少了。

转移宝宝的注意力　带领宝宝认识和接触不同的东西，教宝宝玩一些用手拉扯的玩具，比如拉扯响铃、安抚巾。通过周围事物的刺激，宝宝的注意力会得到转移，他们就不会过分专注于吃手指这件事了。

别让宝宝觉得无聊　不要长时间地让宝宝自行活动，比如在宝宝刚睡醒时，尽量不要将宝宝单独长时间留在床上。因为在宝宝感到无聊时，就可能将手放到嘴里，以至于慢慢养成吃手指的习惯。

03　令人哭笑不得的"破坏王"

不少家长都会抱怨自己的宝宝是个超级"破坏王",尤其是男孩子。这些"破坏王"看到什么拆什么,所到之处都会被破坏,这可愁坏了家长们。

心理专家这样说:好奇心是学习的主要动机

富有好奇心的孩子,更加喜欢拆分东西,有"刨根问底"的精神,这样的孩子往往更热爱学习。以罗杰斯为代表的人本主义心理学家认为:好奇心是学习的主要情绪和动机。作为内在动机,好奇心能够引发个体的探索行为,也能让个体在探索中收获愉快的体验。身为父母或老师,应当充分认识到好奇心对孩子的发展以及教育带来的重要影响。

摔玩具更有趣

路路是个令人头疼的孩子,每次得到新玩具,他都不爱惜,总是用力地撕、扯、摔、扔。很快,新玩具就变得伤痕累累。扔东西的时候,路路还总是手舞足蹈,看上去十分兴奋。路路的父母对此十分担忧。他们总想对路路的行为进行干预，却又不知道应该怎么做。

孩子为什么会破坏东西

宝宝很好奇　事实上，破坏东西的阶段是孩子必经的成长历程，且这一历程对于孩子的心智成长有莫大的好处。在这期间，孩子的破坏行为其实是需要被鼓励的，因为这样的破坏往往是出于孩子的学习探索心理。很多时候，他们并非故意搞破坏，而是单纯的出于兴趣、好奇，想要一看究竟。

快来关注我　在破坏的过程中，孩子认为自己又学习了一项新的技能，因而十分兴奋地反复进行练习。与此同时，他们也希望父母能够注意到自己的行为，并给予鼓励与称赞。在扔的过程中，孩子会对东西掉落的方式和抛物线进行研究和观察，同时也会思考不同物品落地所发出的声音的差别。孩子的逻辑知识就是在这一过程中逐渐获得的。

把破坏力变成创造力

有些破坏值得被原谅 在孩子刚刚开始搞破坏时,父母最好先采取宽容的态度。一方面,孩子在搞破坏时,手、眼、脑是并用的,这对于思维的发展有着极大的促进作用。另一方面,从儿童心理学研究角度讲,孩子希望得到父母与他人的承认、赞同和表扬,这对他们的进步有举足轻重的作用。恰如其分的认同和称赞可以帮助孩子养成良好的习惯,形成心理学中所说的"正强化"作用。

把破坏力变成创造力 父母鼓励孩子适当的破坏,本质上是鼓励孩子发挥自己的探索精神和兴趣。与其严厉批评教育孩子,不让孩子搞破坏,还不如在孩子搞破坏时,耐心参与、引导,帮助他们搞破坏。

举个简单的例子,如果宝宝喜欢撕东西,那就给孩子一些可以撕的废纸,或者买几本撕不烂的书,也可以买一些能够拆装的玩具,和宝宝一起玩组装游戏,满足宝宝的好奇心。在参与的过程中,父母多提问题让孩子去思考探究。最后,再帮助孩子将被破坏的东西复原。完整地将破坏、探索、重建流程走完后,孩子的心理会得到极大的满足。

每个喜欢搞破坏的孩子都有机会成为极具创造力的科学家!

千万别让"破坏王"变成"熊孩子" 当然,随着孩子慢慢长大,父母应当引导孩子减少搞破坏的行为,要让他们明确知道哪些东西是绝对不能破坏的,避免养成不良的习惯,也避免喜欢探索的"破坏王"变成肆意搞破坏的"熊孩子"。

04 放手让孩子自己体验"第一次"

在孩子的成长历程中，"第一次"的经历总是不可避免的。许多父母在陪伴儿女成长的过程中常常犯一个错误：过度照料他们的衣食住行，对他们进行过度保护。在这些父母眼中，这样的过度照料和过度保护是对孩子的爱，事实上，这可能成为孩子成长的枷锁。

心理专家这样说：用"第一次"树立孩子的自信心

从心理学的角度讲，自信心是个人对自己是否能够顺利完成某事的信任程度的体现。自信心建立在对自己足够肯定及预估的前提下，是对自己能力的信任。大量的案例表明，长期被剥夺体验"第一次"的机会，会抑制孩子的信心。

第一次不穿，永远不想穿

小明今年3岁，正是对许多活动、体验感到好奇的年纪。这天，小明想自己穿鞋。谁知，他刚拿起鞋子，妈妈就赶了过来，说："宝宝，来，妈妈帮你穿鞋。你自己穿太慢了。"说完，妈妈就迅速帮小明穿好了鞋子。殊不知，这样的举动大大刺伤了小明的信心。他看

着妈妈熟练的动作，对自己的无能感到十分沮丧。从此，他都不再
选择自己穿鞋子，而是投向妈妈的怀抱。

爱孩子，不是替代孩子

参与"第一次" 心理学研究表明，幼儿时期是一个人个性品
质的可塑性相对较好的时期。这段时期，如果能够对孩子的动手
操作能力进行适当培养，建立起他们的自信心，在很大程度上可
以促进孩子的身心健康发展。如果实在不放心，父母可以选择参
与到孩子的"第一次"中来。但在参与的过程中，父母应当明白
自己的定位：只做引导，而非控制，更不是包办。在上述事例中，
小明第一次穿鞋肯定穿不好，小明妈妈应该做的是帮助他分辨左
右脚，告诉他怎样穿鞋最省力，而不是直接帮助小明把鞋穿上。

每位父母都应当学会用爱和鼓舞陪伴孩子进行属于他们的"第一次",给他们充足的尊重和信任,让他们都可以勇敢地说出"我可以"。

孩子受挫怎么办 首先,不要担心,也不要帮孩子规避挫折。体验挫折也是一种成长方式。当孩子遭受挫折时,我们可以适当安慰和鼓励他们继续大胆尝试,指导他们吸取教训。

每位父母都应当清楚地意识到"第一次体验"在孩子的成长过程中是十分重要的。不要害怕孩子遭受挫折,通往成功的道路上不可能只有鲜花。如果你认真观察过自己的孩子,就不难发现,孩子对"第一次体验"总是怀着好奇的心态。在好奇心的驱动下,他们总是在努力开发自己的潜能,接受一次次崭新的挑战。

05　恋母恋父情结很正常

　　说到恋母、恋父情结，许多人都会带有异样的眼光。从心理学角度来看，恋父、恋母情结其实是性心理发展过程中的一种特有现象。通常情况下，孩子在3～6岁时，通常对父母中的一方会有更加依恋的倾向。其中，男孩子更偏向于依赖妈妈，而女孩子则对爸爸更为依赖。

心理专家这样说：俄狄浦斯期

　　在心理学中，孩子的这一时期被称为"俄狄浦斯期"。在这段时期里，孩子的性本能以及正常情况下父母的偏向问题（爸爸偏爱女儿，妈妈偏爱儿子）共同导致了男孩、女孩产生一定的恋母、恋父情结，并且这样的情结往往还会伴有一定的仇父、仇母情结。显然，这个时期对于孩子的成长是十分重要的。如果孩子没能平稳、安全地度过这一时期，那么其未来的情感之路势必十分波折。科胡特自体心理学认为：恋父、恋母情结原本是一种健康的、兴奋的人类种系传承体验。这种情结需要父母用不带敌意的眼光、不具诱惑的情感来对孩子进行引导。如果父母采取过度纵容或者过度抨击的态度进行应对，原本健康的体验就会慢慢往病态的方向发展。

我只爱爸爸

　　李女士的女儿丽丽今年5岁。在许多人眼中，丽丽是个乖巧懂事的孩子。但是，丽丽在家的许多行为让李女士十分不解。例如，丽丽对爸爸十分依赖，每次爸爸出差，丽丽都会特别难过，茶饭不思。而丽丽对妈妈却没这么热情，有时候甚至不愿意爸爸与妈妈说话。

帮助孩子树立正确的性别意识

　　这个案例中，丽丽一家深受丽丽恋父情结的困扰。一种原本健康的情感，当父母采取不当的态度、情感来应对时，将会给孩子身心的健康发展埋下隐患。不是所有情况都是"存在即合理"，这类问题应当引起父母的高度重视。

　　家长自身要树立正确的配偶意识　有些家长在面对有恋父、恋母情结的孩子时，往往听之任之，甚至助长孩子的"俄狄浦斯情结"。如果孩子不愿和父母一方交流，或者不愿看见父母多说话，父母就按照孩子的意愿把自己跟孩子捆绑在一起，在家里"拉帮结派"，是不可取的做法。父母要有正确的家庭关系意识，在一个家庭中，最重要的是夫妻关系，其次才是亲子关系，只有意识到这一点，父母才能帮助孩子平稳度过这一时期。

　　告诉孩子，爸爸妈妈才是相伴一生的人　父母应当让孩子知道，父母是无条件爱他的，但能够陪伴妈妈走过一生的是爸爸，能够陪伴爸爸走过一生的是妈妈，他只需要做好爸爸妈妈的孩子，好好享受来自父母的爱。父母也要做好榜样，引导孩子向同性父母靠拢。

　　因此，正视并正确引导孩子度过"俄狄浦斯期"才是最重要的。

06 孩子为什么不想上幼儿园

每次到了开学季，许多家长就会倍感焦虑，因为他们会面临这样一个问题：孩子不愿意上幼儿园，那些刚上幼儿园的小朋友更是哭闹不止。这时候，家长就会各出奇招了：有的连哄带骗，有的又打又骂……然而，这些方式真的对吗？

心理专家这样说：孩子不肯上幼儿园有原因

幼儿从家庭迈入幼儿园，环境有了巨大的改变，这一阶段被称为"心理断乳期"。这一时期需要父母耐心、细心地进行引导。对于每个小孩来说，上幼儿园其实是人生新里程的开始。离开了自己熟悉的安全环境，孩子当然会感到紧张，于是他们采用哭闹的方式释放情绪。

那些越是对父母依赖的孩子，就越害怕上幼儿园。父母需要知道，孩子不愿意上幼儿园是一件再正常不过的事。这说明父母与子女间具有亲密的亲子关系。从这个角度来讲，这未必不是一件好事。假如一个孩子从来不抵触上幼儿园，父母应当反思自己家庭中的亲子关系是否正常。

幼儿园也有可能是噩梦

从小到大，我的母亲总会在逢年过节时把我小时候的糗事拿出来秀一圈。其中，提到次数最多的就是——我小时候曾因为不肯上幼儿园，整整哭闹了一个月。在这一个月时间里，任凭父母怎么哄骗、打骂，我都不肯上幼儿园。并且情况一度严重到年幼的我会在半夜被噩梦惊醒，哭喊着不愿意上幼儿园。每次提起此事，长辈们都会感叹现在的孩子真难养。然而，只有我自己知道，我的噩梦根源是在一次活动课上，我想上厕所，可又不好意思告诉老师，最后尿了裤子，被小伙伴们嘲笑。那之后很长一段时间，幼儿园成了我的噩梦。

让幼儿园成为乐园

别让上幼儿园成为孩子的压力　这样的案例在实际生活中并不少见。当孩子一再表示不愿意上幼儿园时，有些家长会以"幼儿园很好玩呀！""爸爸妈妈也很喜欢幼儿园！"等说辞来回应孩子，他们以为这是一种善意的安抚。事实上，这与孩子的直观感受产生了最直接、最猛烈的冲突。还有一些常见的错误做法就是：强硬地给孩子灌输一定要上幼儿园的观念，强迫孩子乖乖上幼儿园，甚至动用武力手段逼迫孩子上幼儿园。这样做会给孩子过大的压力，这些压力往往会通过一些生理或心理现象表现出来，如肚子痛、冒冷汗、做噩梦等。

认同孩子的感受　正确的做法是，站在孩子的角度，理解、尊重孩子的感受，并将这一感受表达出来。例如，"爸爸妈妈知道你不想离开爸爸妈妈""爸爸妈妈知道你不想上幼儿园"，这样的认同感能够大幅度拉近父母与子女之间的关系。然后，再耐心安抚孩子说："爸爸妈妈也舍不得宝宝。所以，一放学，爸爸妈妈就来接你。"慢慢地，孩子的情绪就能得到安抚，也就可以接受上幼儿园这件事了。此外，爸爸妈妈可以为孩子准备一些随身携带的小玩偶，告诉孩子："当你想爸爸妈妈的时候，就拿出来看一看，我们会一直陪着你。"

第二章　懵懂好奇的小学期

——孩子有了另一个世界

01 我从哪里来

　　几乎每个孩子都会追着父母问："我是从哪里来的呀？"当面对孩子的这个问题时，你是怎么回答的呢？许多时候，中国的家长都会在这个问题上犯错。他们常常会用"你是爸爸妈妈捡来的。""你是邻居送给我们的。"等说法来搪塞孩子。结果，原本一个非常适合展开性教育的问题反而成了孩子孤独、恐惧情绪的来源。

心理专家这样说：安全感的起源

　　儿童心理学家表示，随着年龄的增长，孩子的自我意识会不断增强，并对生命的起源感到疑惑，充满求知的欲望。于是，他们会不断询问自己是从哪里来的。事实上，这也是孩子安全感最早的起源。家长对这个问题的解释若总是吞吞吐吐、含糊不清，孩子的好奇心就会越来越浓。

我真的是你们从垃圾堆里捡来的吗？

　　玉玉今年6岁了。这天，她看动物世界的时候，恰好看到大熊猫生宝宝。于是，她兴冲冲地问妈妈："妈妈，熊猫宝宝是这样出来的。那我是从哪里来的呢？"玉玉妈妈听了不由得愣住了，这个问题她不知道要怎样回答。难道现在就要给孩子讲两性问题了吗？玉玉妈妈觉得难以启齿。思来想去，她对玉玉说："你是妈妈从垃圾桶里捡来的。"结果，玉玉竟然连续几天都蹲在门口的垃圾堆旁边，希望能够捡到一个弟弟。这可真是让玉玉妈妈哭笑不得。

你是从妈妈的身体里来的

几乎每个孩子都对"我从哪里来"很感兴趣，这其实是他们性意识的觉醒。家长应该学会改变自己的看法，性并不是难以启齿的事情。有的父母认为即使自己没能在性知识上成为孩子的启蒙导师，孩子也可以通过网络、书籍等对性知识进行了解。可是，这些信息未经过滤直接展现在孩子面前，并不是一件好事，很容易误导孩子，导致他们错误地认识性，其后果是十分恶劣的。与其如此，还不如由家长来对孩子进行性知识教育。因此，孩子的提问就是很好的教育契机。每个家庭的教育方式不尽相同，但是道理往往是共通的。在回答孩子有关性的问题时，家长应该注意把握以下几点。

只要孩子问了就要回答　关于性的问题，如果家长表现得吞吞吐吐、遮遮掩掩，反而会激起孩子的兴趣。在好奇心的驱使下，他们可能会自己去探索。如此一来，家长的回避只会适得其反。

不问不答　在回答孩子的问题时，你只需要给出简洁明了、孩子听得懂的答案即可。至于是否深入解释则取决于孩子是否继续发问，不问则不答，因为你的回答不能超越孩子在该年龄段的认知。

有针对性地解答　父母应该有针对性地回答孩子提出的问题，不要顾左右而言他，不要引导孩子继续探究。

答案不宜过于详细　如果孩子问你："我是从哪里来的呀？"你可以回答："你是爸爸的精子与妈妈的卵子的结合。在妈妈的身体里生活了十个月才来到这个世界。"你并不需要详细解答性生活的过程，否则可能会导致孩子进一步探索。而这些知识对于年幼的孩子而言已经超纲了。

维持轻松自然的状态　在你以一种轻松自然的态度面对孩子的问题时，孩子就会觉得这个问题非常普遍，并无特别之处。慢慢地，孩子也就不那么好奇了。

减少用成人的词语来回答孩子的问题　一方面，孩子可能很难理解，另一方面，不理解的词语容易引起孩子进一步探究的兴趣。

　　面对孩子提出的与性相关的问题，家长们只需要保持坦然的心态就能妥善解决。家长帮助孩子树立正确的性观念，将对孩子未来的人生观、价值观的形成发挥极其重要的作用。那么，何为坦然的心态呢？如果你能像教孩子认识天空、白云一样教孩子认识这个新奇的世界，那就是一种坦然了。

02　孩子看到的世界不一样

很多家长忽略了一个事实——孩子的世界和大人的世界截然不同。家长如果不能站在孩子的角度进行思考，那么亲子教育和亲子关系势必是不愉快的。

心理专家这样说：站在孩子的角度思考

在人际交往中，换位思考有助于改善和拉近彼此的关系。若每个人都能站在他人的立场上思考问题，这个世界将会变得更加和谐。成人间在解决矛盾的时候，往往提倡换位思考，但是在面对小朋友的时候，似乎就忽略了这一点。

在教育过程中，若家长善于站在孩子的角度进行思考，会大幅度拉近与孩子的关系，获得孩子的信任。

孩子的想法会让你意想不到

一次美术课上，老师让班上的同学各自画一幅天空的画。在检查学生作品的时候，老师发现了一幅"奇怪"的画。那幅画上既不是常见的蓝天白云，也不是繁星点点，而是布满黑色、灰色等各种深色色块的不能称为画的涂鸦。老师的第一反应是这幅画的小作者是个小"混世魔王"，但老师并没有直接批评这位小作者，而是向其询问绘画理念。谁知，这位"混世魔王"竟然是这么回答的："现在污染很严重！原本的蓝天、白云和星星都被废气挡住了。所以，我们只能看到一些黑色的、灰色的废气。"这个答案出乎老师的意料，让她震撼不已。没想到，这不是一位"混世魔王"，而是一位小小环保达人！

孩子的想法不寻常，不能全盘否定

如果你是这位老师，当你看到这样一幅画的时候，是什么感觉呢？你又会怎样对待这位小"混世魔王"呢？我想，有不少人会选择把这位小作者抓来狠狠地批评一顿吧！如果这样做的话，很可能就打击了这位小小环保达人的积极性。

事实上，孩子的世界远比成人的世界简单得多，也美好得多。因此，孩子们的思维更加发散，他们能想到的、看到的也更加丰富。换作成年的我们，提到天空，想到的无非是蓝天、白云、飞鸟、繁星、月亮，有多少人能想到污染问题？如果不分青红皂白地否定孩子的想法，谁知道会错过什么！

如果家长想站在孩子的角度思考，就要尝试走进孩子的内心世界，倾听孩子的心声，将孩子当作一个完整的个体，平等地进行交流。身为父母，我们不要只关注孩子的学习，而应该将目光投向孩子的成长，树立科学的教育观。

要有正确的人才观 父母要时刻牢记：成才并不等于好成绩，也不等于考上好学校。父母应当更多地聚焦于孩子的兴趣爱好，关注孩子的全面发展，切忌片面地看待人才。

要多学习心理学知识 父母要针对孩子不同时期的心理特征及认知特点进行学习。要知道，在成长过程中，孩子的心理也在不断成长和健全。例如，步入青春期后，孩子的独立意识不断增强，越发需要父母用平等、尊重的态度来对待他们。

要学会有技巧地和孩子沟通 首先，父母要意识到，每个孩子都是独特的小天使。父母要想与孩子之间没有沟通障碍，需要根据孩子的个性特点，寻找最合适的沟通方式。其次，倾听是一门艺术，当孩子想要表达时，父母要认真倾听。

学习方式有很多，父母可以阅读相关书籍与资料，参与亲子课堂，多与其他家长交流……只有学会站在孩子的角度进行思考，才能构建良好的亲子关系。

03 打消你对孩子隐私的好奇心

随着年龄的增长，孩子的隐私意识会越来越明确。这时候，你会发现，孩子开始有了自己的小秘密。但是，在传统观念的影响下，许多家长都会陷入这样一个误区：他是我的孩子，所以不能对我有所隐藏，更不能有秘密。于是，家长和孩子就展开了一场关于秘密且没有胜者的游击战。

心理专家这样说：孩子都有小秘密

德国的社会学家格奥尔格·齐美尔曾说过：在很大程度上，秘密丰富了我们的生活。并且，大量的研究表明，许多孩子都拥有自己的小秘密。从另一个角度看，当一个孩子有了秘密和隐私意识时，就意味着这个孩子开始构建自己的内心世界了。

我是你的孩子，可隐私是我自己的

茹茹是个乖巧的孩子。这天，她却和妈妈发生了激烈的冲突。茹茹生气地对妈妈吼道："你凭什么随意碰我的东西？为什么不经过我同意就打开我的抽屉？你知道什么叫隐私吗？"妈妈听了茹茹的质问，也十分生气。因为她觉得自己只不过是帮孩子整理了一下房间而已。于是，她也吼道："你是我的孩子！你有什么东西是我不能碰的？实在太不像话了！我生你养你，就是让你跟我讲隐私的吗？"茹茹听了更加生气，直接将自己反锁在房间里大哭起来。

如何尊重孩子的隐私

这样的事情在生活中并不少见。大多数家长在关爱孩子的时候，总是不由自主地侵犯他们的隐私。孩子渴望拥有自己独立的空间，你不断侵犯孩子隐私，就是将孩子越推越远。那么在日常生活中，我们如何做到尊重孩子的隐私呢？

不要随便偷看孩子的日记　当孩子开始以怀疑的眼光看世界时，

正是他们开始认识自己的时候。他们不愿意让家长翻阅自己的日记是为了拥有一个安全的、独自认识自己的小角落。在那里，他们可以平静下来，整理自己的思路。此时，如果父母强行或偷偷翻阅他们的日记就很容易激怒他们。

对孩子的身心特征进行了解　到了小学阶段，有些孩子会慢慢开始第二性征发育，此时的他们不仅面临着生理上的变化，也面临着心理上的变化，即自我独立意识不断增强。这时，他们会无比渴望拥有自己的秘密。这一时期被称为"青少年锁闭时期"。

走进孩子心里　每个父母都希望能够走进孩子的心里，了解孩子的想法和动态。但是，这种希望不应该通过错误的手段，例如侵犯孩子的隐私来实现。父母在日常生活中应当扮演朋友的角色，充分尊重孩子的人格和隐私，与之平等交流，引导孩子主动和自己沟通。

尊重孩子的隐私，时刻保持警惕　在孩子的心智尚未成熟时，家长应该保持高度的责任感与警惕性。如果察觉到孩子可能有不恰当的行为或正经历着不好的事情，因为孩子的判断能力及控场能力不足，家长应当立刻采取行动，对事态进行了解，避免发生严重后果。

04　诚信需要从小开始培育

在许多家庭里都有这样的问题：家长经常轻易向孩子许下诺言。在一些家长眼中，许诺并不是一件大事。但是，对于孩子而言，诺言是十分重要的。如果家长没能兑现承诺，那么家长在孩子心中的地位就会大大降低，孩子也会变得不愿意听取父母的建议与提醒。

心理专家这样说：信守承诺的父母才会被孩子信任，被信任的孩子才会信守诺言

教育孩子信守承诺的重中之重莫过于培养孩子的信任感。据精神分析心理学研究表明，信任最开始来自于初期的亲子关系，也就是孩子对家长的信任，之后发展为对别人及社会的信任。父母不仅要做孩子的榜样，还要帮孩子树立诚信意识，并积极肯定及鼓励孩子的诚信表现。

不要总是骗我

7岁的筱筱是这样评价自己的妈妈的："我妈妈并不是一个诚实守信的人，可能她对别人能够做到守信用，对我却不能，所以，我才不相信她呢！"原来，筱筱妈妈总会以带筱筱去游乐园这件事来激励筱筱好好学习。可是，这个承诺始终没能兑现。妈妈不是说工作忙没时间，就是要她抓紧时间学习。起初，筱筱还对妈妈的承诺抱有希望，久而久之，筱筱就再也不相信妈妈的话了。妈妈说的其他事情在她这儿也会大打折扣。

信任自己的孩子，重视承诺的兑现

事实上，许多父母在许诺的时候，往往带着盲目、应付，甚至欺骗的想法。这样的做法是不可取的。当父母为孩子许下承诺却不兑现时，很容易给孩子留下这样的印象：爸爸妈妈是骗子，爸爸妈妈说的话不能信……长此以往，父母在孩子心里的形象就会一落千丈。所以，在亲子教育过程中，父母一定要做到言出必行。如果对孩子许下了承诺，就一定要履行，尽量满足孩子的愿望。只有这样，父母的威信才能得到树立和巩固，许诺也就成了一件很有意义的事情。因此，在与孩子的交流沟通中，家长应当重视承诺的兑现，并且对孩子也要表现出信任。

一旦许诺就要兑现　日常亲子教育中，或多或少会出现各种突发情况。面对孩子的哭闹，家长们切忌许下一些本来就不打算兑现的承诺来哄孩子开心。一旦许下承诺，家长就一定要兑现自己的承诺，让自己成为孩子心目中的榜样。在这样的言传身教下，孩子就会向你学习，为自己说的话负责，也更愿意与他们心中诚信的父母沟通。

没有把握的事情就不要用来承诺　当孩子向你提出要求时，例如去游乐园玩，如果预估不能帮助孩子实现愿望，就应该及时、诚恳地向孩子阐述原因，而不是应付式地对孩子说："过段时间就陪你去游乐园""等周末，妈妈就带你去"……要知道，爸爸妈妈的诚恳解释可以获得他们的理解，而空头支票只会让他们对家长的话产生质疑。因此，在向孩子承诺时，父母要优先考虑是否应该许下这个承诺，许诺后能否实现。

被信任的孩子才会信守承诺　要想让孩子成为信守承诺的人，家长就要对自己的孩子表现出信任。让他们切身体会到被信任是一件多么美好的事情，他们自然而然地想获取别人的信任。用表情、眼神、动作让孩子明白"我相信你一定能做好""你不是有意犯错误的"，如果孩子从小就生活在充满信任的氛围中，长大之后就能表现出优秀的品质和能力。

父母的言传身教比什么教育都重要，许诺而不兑现诺言很容易打击孩子的自尊心，使孩子丧失对父母的信任感，甚至导致孩子忽视承诺的重要性，认为承诺不过是随口一说，模仿父母开始习惯性许诺和说谎。

05　父母也可以是朋友

　　父母与孩子之间的代沟问题是亲子教育中不容忽视的重点。孩子不听话、难沟通似乎成了亲子教育中的通病。事实上，孩子在不断成长，家长不应该永远都是威严的长辈，适时做孩子的知心好友。

心理专家这样说：你是不是孩子眼中的"自己人"

　　在心理学中，有个效应名为"自己人效应"。这个效应指的是，如果来往双方关系较好，一方会更容易接受另一方的观点和态度，并且难以拒绝另一方的要求。这个效应在亲子教育中同样适用。

我也想有"大朋友"

　　听朋友讲过他与孩子睿睿之间的一件事情，让我深思良久。一日，睿睿突然对朋友说："我想要蕾蕾的爸爸妈妈来当我的爸爸妈妈！"朋友本来只当这是一句玩笑话，可是转身却看到睿睿极其认真的表情，不由得心中一寒，便问为什么。睿睿说："蕾蕾的爸爸妈妈说他们是蕾蕾的大朋友！我也想要大朋友！我不要爸爸妈妈！"朋友听了这话犹如醍醐灌顶。这时，他才意识到，孩子是多么渴望和父母成为朋友呀！

如何成为孩子的朋友

从血缘的角度讲，父母和孩子应该是最亲近的人。然而，能真正做到贴近孩子内心的父母为数不多。这是由代沟或者教育水平差异等原因造成的，表现出来的结果就是父母与孩子之间的隔阂、分歧或者冲突。如果父母能够和孩子成为朋友，教育的目的就更容易实现。对此，家长应该怎么做呢？

寻找和孩子的相似点，或者创造相似点　如果孩子喜欢某个动画片里面的人物，父母就不应该只站在自己的角度进行解读，更不能贬低孩子的偶像。否则，孩子就会觉得与父母无法交流，进而放弃与父母沟通，而选择一些与自己志同道合的朋友。

孩子与自己的地位是平等的　在日常生活中，父母应该学会放下所谓的父母权威，避免使用命令或者强硬的语气与孩子交流。如果孩子说的没错，就应该予以尊重，并进一步采纳。这时，孩子就会感到被尊重，从而拥有成就感，进而真正感受到平等。即使孩子的确是任性而为，父母也不应该像审判官一样站在高处用审判锤给孩子当头一棒，而是试着弯下腰或者蹲下来与孩子的目光保持平行，告诉孩子这些行为不可取以及不可取的原因。

切忌将自己的想法强加到孩子身上　许多家长为了让自己的孩子能够赢在起跑线上，给孩子报了各种各样的学习班。而大多数家长在给孩子报学习班的时候并没有征求孩子的意见，因为他们习惯了为孩子包办一切事情。这样做的后果就是，孩子非但没有感受到父母的爱，反而对父母产生厌烦心理。特别是当孩子的自我意识越来越强烈时，会认为父母侵犯了他们的意志。只有父母不将自己的意志和想法强加在孩子身上，孩子才愿意理解和信任父母，并主动按照父母的期望努力做好自己应该做的事情。

鼓励孩子　孩子遭遇挫折时，需要的并不是家长的指责，而是一些有用的意见。家长应该及时对孩子进行鼓励，发掘孩子的优点，并告诉他们，他们在这些方面有所长。面对孩子的一些缺点，家长也要进行正确的引导，告诉他们努力是通向成功的必经之路。

学着做一位好听众　许多家长和孩子在一起时，总是自己没完没了地说，忽视了孩子的发言权。大多数孩子在成长过程中会越来越独立，认为自己已经长大了，可以自己做决定了，不太情愿听父母的教诲。这时候，父母不如把话语权交给孩子，认真听孩子说自己的想法。

06　有些话千万不能对孩子说

在人际交往中，我们都会注意自己的言论，避免给别人造成困扰和压力。然而，面对自己的孩子时，我们常常忽略了这一点，说话随心所欲，完全不顾及孩子的感受。殊不知在不知不觉中，我们的一些语言就像一把匕首直戳孩子的内心。

心理专家这样说：语言的杀伤力很大

对孩子来说，语言的伤害是非常大的。他们的心智还未完全发育，极容易被外界干扰。很多时候，他们会因为大人的无心之言而觉得自己被侮辱。在感觉受辱以后，孩子往往无法发泄，只好把所有的情绪都压抑在心里，比较极端的孩子还可能通过自残、自杀等方式进行抗议。

你只看到别人比我好

在一次匿名真心话活动中，我收到了这样一段真心话：其实，爸爸妈妈都不知道自己到底有多么讨厌！他们经常说一些令人不舒服的话。我妈妈经常对我说："你怎么这么笨，你看看邻居家的聪聪成绩多好！"可是，他们并没有看到聪聪跑步比我慢了多少。

这些话不能说

孩子的真心话令我感到难过。身为家长的我们或许从未发现，原来孩子是那么讨厌我们，我们随口说的一句话能让孩子记那么久。那么，孩子还讨厌我们说什么呢？

你再这样，妈妈就不管你了 对孩子而言，这句话是一种威胁。身为父母，我们不可能不管孩子。所以，这句话就会是兑现不了的空话。于是，这句话对孩子的约束会越来越弱。与其用这样的话来威胁孩子，还不如及时帮孩子转移注意力，把孩子带离那个令他不愉快的环境。当孩子转移注意力后，其情绪也会慢慢平复下来。这时候再讲道理，孩子才容易听得进去。

等你爸爸回来收拾你 从对孩子的教育上讲，这样的说法会带来很多危害。首先，孩子很容易忘记自己的过错，或者忘记犯错的感觉。错失了惩罚的最佳时机，很容易让孩子有翻旧账，或者莫名其妙的感觉。其次，父母中的一方把教育的责任推给另一方，其实是在暗示孩子：你不会对他进行惩罚或无力对他进行惩罚。渐渐地，孩子就会越来越不听你的话。

你看看别人家的孩子多乖 将自己的孩子与别人家的孩子进行对比，其实并不能让自己的孩子向别人家的孩子看齐，反而会搅乱孩子的思维。他们会觉得迷惑：难道爸爸妈妈喜欢别的孩子，不喜欢自己吗？同时，他们会觉得爸爸妈妈对他们的爱是有条件的，而条件就是成为"别人家的孩子"。慢慢地，孩子就会变得自卑，因为他们总是达不到爸爸妈妈的要求。事实上，家长可以直接把他们的期许告诉孩子，并加以鼓励。有了爸爸妈妈的鼓励，孩子就拥有了前进的动力。

闭嘴、住口　在孩子年幼的时候，视家长为全世界，非常渴望向爸爸妈妈倾诉。如果这个时候，得到的是爸爸妈妈的一句"闭嘴"或者"住口"，他的内心会受到极大的打击，会觉得家长对他的话不感兴趣，从而对家长产生不信任感，之后，孩子会越来越不喜欢跟家长说话和倾诉。所以，当孩子想对你倾诉时，耐心听他讲完。如果当时没空，你也应该跟孩子解释："我现在有点忙，等忙完了，我再听你讲，好吗？"孩子状态较好的情况下，是可以接受你的提议的。

07　或许孩子在等你道歉

人非圣贤，孰能无过。如果犯错并伤害了他人，就应该诚恳地认错、道歉。身为家长，我们也经常会犯下各种各样的错误，但大部分家长很难做到向孩子道歉。他们在面对孩子的错误时，会要求孩子认错、道歉，而面对自己的错误时，却选择忽视。

心理专家这样说：大人也不能随心所欲

孩子犯下错误时，家长们会严厉要求孩子反思，并要求他们道歉。然而，许多家长在自己犯错的时候，碍于面子和不可侵犯的家长权威，不愿承认自己的错误，反而会找一个冠冕堂皇的理由搪塞过去。这在一定程度上会扭曲孩子的价值观，心智尚未健全的孩子会认为家长可以随心所欲。

不要不分青红皂白地骂我

有一天，我见到7岁的霞霞哭红了眼睛跟在妈妈身后。再看看妈妈，铁青着脸，显然对霞霞的哭泣感到不耐烦。仔细询问之下才知道，今天霞霞值日，回家比较晚，而霞霞妈妈误以为霞霞放学后偷偷溜去玩，把霞霞骂了一顿。

知道真相后，霞霞妈妈碍于面子不肯认错，只是对霞霞说："别哭了，不就是错怪你了吗？你也没提前告诉我你今天值日呀！"本以为把事说清楚了就行，谁知话到嘴边又变成了责怪，霞霞哭得更伤心了。

于是，我小声提醒霞霞妈妈尝试着向霞霞道歉。霞霞妈妈吞吞吐吐了许久，才说出："霞霞，是妈妈的错。妈妈错怪你了。对不起！"这句话一说出口，霞霞的眼睛就亮了，泪水也止住了。

乖巧的她对妈妈说："老师说过，别人只要诚恳地道歉了，我们就应该原谅她！既然妈妈诚恳地道歉了，那我就原谅妈妈吧！下次我会记得提前告诉妈妈我要值日的！"

道歉也有大学问

很多时候，孩子可能只是在等家长的一句道歉。一直以来，他们受到的教育就是做错了事，就应该认错、道歉。如果父母没能做到这一点，孩子就会对他们所受到的教育产生质疑。所以，在亲子教育中，家长要学会道歉。

选择恰当的道歉方式　面对一些年纪较小的孩子，家长可以不用跟他们讲太多高深晦涩的道理，只需要通过具体的动作、表情或者语言来向孩子道歉，让孩子认识到家长在这件事上做错了。面对稍大一些的孩子，家长在道歉的时候，要明确指出自己的错误，帮助孩子思考、分辨，避免孩子以后犯类似的错误。

道歉态度要诚恳　有的家长在面对孩子的时候，总会放不下所谓的家长权威，即使道歉，态度也十分强势，或者含糊其词。这样的道歉态度并不会拉近你和孩子的关系，反而容易引起误会。别看孩子还小，他们可以从父母的态度里感受到父母是否真诚，判断父母是否是真的认错。如果他们察觉到父母只是在敷衍自己，那道歉就没有意义了。

道歉要心平气和　道歉时切忌应付，一定要心平气和，发自内心地道歉。当然，如果家长确实没有做错，千万不能因为孩子的哭闹和情绪波动而胡乱道歉，否则很容易导致家长的威信缺失。

告诉孩子自己为什么道歉　在向孩子道歉的时候，家长应当立足于实际，告知孩子自己道歉的原因。认真地向他们解释自己哪里做错了，这样的错可能会导致什么后果。如果家长们只是单纯道歉，却不加以解释，孩子不了解家长道歉的实情，教育效果就会大打折扣。

家长对待自己的错误千万不要含糊其词，道歉不会让你在孩子面前丢脸，及时认错、道歉和弥补才能树立你在孩子心中的威信。

08　父母吵架是孩子的阴霾

很少会有人意识到，夫妻间的吵闹最终的受害者是孩子。孩子的安全感通常来源于父母以及家庭的和谐氛围。他们很难理解爸爸妈妈为什么会吵架。因此，父母激烈的吵闹很容易让孩子陷入恐惧中。父母争吵对孩子的伤害是隐形的，这些伤害往往会滞后出现，且不会消失。

心理专家这样说：孩子不会自动屏蔽你们的争吵

研究表明，在父母经常吵架的家庭中成长起来的儿童很容易出现攻击性行为，也很容易罹患心理疾病。其中，很多孩子会在社交生活中遇到较大的障碍，会对生活充满悲观的态度，长大后甚至会恐婚。在父母的争吵中，孩子是很难置身事外的。当父母之间发生激烈的争吵时，他们会被恐惧笼罩。有些年纪尚小的孩子会认为是自己引发父母争吵的，于是他们对外界的好奇与探究就会变成一种恐惧和担忧。

父母吵架对孩子的伤害是看不见、摸不着的，威力却是巨大的，甚至可能会对孩子的性格与命运造成扭转性的改变。

不怪你

在电影《怦然心动》中，有这样一段令人难忘的情节：朱莉的爸爸妈妈在餐桌上就舅舅的事情展开了激烈的争吵。目睹了爸爸妈妈的争吵过程，朱莉感到十分伤心、害怕。当爸爸发现朱莉的失落后，他第一时间告诉朱莉，爸爸妈妈的争吵并不怪她。当天晚上，朱莉的爸爸妈妈分别来到朱莉的房间，对朱莉进行安抚。先是爸爸向朱莉道歉，告诉她，爸爸妈妈会把事情处理好的。接着是妈妈对朱莉说爸爸是个坚强、和善的人，并亲吻了朱莉。一夜过后，父母的争吵不仅没有给朱莉留下阴影，反而让朱莉更爱自己的爸爸妈妈了。

降低吵架给孩子带来的负面影响

父母之间的争吵，不但会导致孩子情绪异常低落，还可能造成孩子对他人冷漠，甚至仇视社会。因为父母争执不休，孩子很难体会到家庭成员间的友好关系，长此以往，就会变得难以与他人建立亲密关系，甚至对外界表现出明显的攻击性心理和攻击性行为。所以，父母一定要多加注意，避免让战火影响到孩子。

不要当着孩子的面吵架 尽量选择孩子不在场的时候进行沟通，切忌冷战，因为他们不知道应该如何是好，甚至可能会觉得是自己的错导致爸爸妈妈不高兴，长此以往，孩子的性格可能会变得孤僻、自卑。

当着孩子的面和好 即便父母能做到不当着孩子的面吵架，可是敏感的孩子还是能够从家里的氛围、父母的脸色和互动状态中感受到父母关系的异常。夫妻相处总有不和谐的时候，难免会争吵，关键在于父母要学会在孩子面前和好，这样孩子才能放松下来，不再担惊受怕，也会明白冲突过后会更和睦的道理。另外，父母双方都要及时对孩子的受惊情绪进行安抚，引导孩子说出自己的看法和感受，并对孩子的疑问进行细心解答。如此一来，吵架也就不再是孩子心中的阴霾。

积极认错　父母是孩子的第一位老师。孩子可能会对父母的言行，甚至是吵架行为进行模仿，这会让孩子养成错误的观念和态度。争吵过后，父母中的过错方应该积极主动认错。在孩子看来，父母主动认错也是一种勇敢的表现，他们会对主动认错的一方表现出由衷的敬佩。

学会控制情绪　争吵不可避免，但是，父母应该学会控制好自己的情绪。在情绪激动的时候，不妨先深呼吸，平复一下心情，避免出现争吵。这样，孩子的恐惧感就不会那么严重了。

09　孩子也要面子

　　不同的家长有不同的教育方式，但是家长的目的都是一样的，都希望自己能够将孩子培养成才。然而在管教过程中，有些家长忽视了孩子的面子问题，甚至很多人会觉得孩子小小年纪哪来的面子一说。从儿童的心理特点和教育规律来讲，不给孩子留面子可能会让孩子的自尊心受挫，给孩子的内心留下阴影，影响其身心健康。

心理专家这样说：孩子也有自尊心

　　自尊心是一种独特的心理活动，是一种积极向上的动力。从心理学的角度讲，自尊心是孩子茁壮成长的重要心理因素之一。有自尊心的孩子会变得积极向上，充满自信；没有自尊心或自尊心受挫的孩子会丧失进步的动力和勇气。在儿童时期，孩子就已经有了维护自尊的想法。他们希望自己是个有面子的人，渴望得到别人的尊重。如果家长没能及时了解孩子的心理特点，不给孩子留面子，就很容易让孩子变得自卑、偏执。

我也要面子

在一家餐厅吃饭的时候，我看见了令人痛心的一幕。一位年轻的妈妈带着孩子吃饭，孩子不小心将可乐碰洒了。这本来是一件非常小的事情。可是，年轻的妈妈立刻大声呵斥孩子："怎么这么不小心？整天不知道在想什么。""什么也做不好！不知道生你有什么用！"那时，餐厅里有许多人。大家都被妈妈的呵斥声吸引了目光，很多人都盯着这对母女看。孩子低着头，偷偷抹眼泪，妈妈却一点也不在意别人的目光，继续唠唠叨叨地指责孩子笨手笨脚。

孩子的面子，你来维护

如果你是那个小孩子，在众目睽睽之下，被母亲大声指责，甚至还听到了"什么都做不好"的话，你的心里会好受吗？你的面子还在吗？答案显然是否定的。大庭广众之下的指责只会让孩子颜面扫地，变得格外不自信。难道给孩子留面子是一件很难的事情吗？事实上，在日常生活中维护好孩子的面子，其实并不难。

给孩子留台阶　孩子的认知能力、判断能力以及生活经验都是不足的，因此，他们经常会犯一些错误。犯错时，他们心里会有一定的内疚和不安，甚至会为了掩饰错误而撒谎。如果爸爸妈妈强行揭穿孩子的谎言，孩子会觉得丢了面子。与其如此，不如顺着孩子的话说下去，给孩子留台阶，提出你的希望，避免类似的现象再发生。当然这仅限于孩子偶尔撒一些无关紧要的谎。不能让孩子认为家长很好骗，养成习惯性撒谎的坏习惯。

多赞美孩子　赞美孩子能够让孩子意识到自己的优点，从而增强自信心。多多夸奖孩子，表达对孩子的关心和重视，他们的自尊心就会得到滋养。日常生活中，父母对孩子说类似"你做得真棒"的话，孩子会感到自己很有面子，也会为了维护自己的面子而更加努力。

不公开批评孩子　身为家长，我们必须明白，教育孩子是为了让孩子改正错误，变得更好，而不是为了羞辱孩子。因此，当有外人在场，而孩子所犯的也不是需要立即指责的错误时，我们不妨忍耐一下，过后再对孩子进行教育。

　　面子对于孩子而言是十分重要的。家长们千万不能有小孩子不存在面子或者小孩子要什么面子的想法。很多时候，孩子的面子甚至比大人的面子更重要。如果你真的爱自己的孩子，就要懂得维护他们的面子。

10　正面榜样与反面例子

反面例子的教训与正面榜样的引导是两种最常见的教育方式。最常听到的莫过于"如果你不好好学习，将来就会像×××那样。"或者"你看，×××多厉害，你也要向他学习呀！"

那么，在实践过程中，这两种教育方式哪种更胜一筹呢？

心理专家这样说：模仿是本能

心理学研究显示，每个人都具有模仿的心理机制。模仿可以说是人类的本能。每一个人，都或多或少有过模仿的行为。或者说，在有意无意中，人们会对他人的行为进行模仿或者再现。模仿会给人们带来一定的积极意义。学习以模仿为基础，我们在学习各种知识与技能的时候，很大程度上是在模仿。

榜样力量大

诚诚和同桌连连是好朋友，他们每天一起上课、玩耍。刚入学的时候，连连的学习成绩比诚诚好很多。诚诚就默默将连连视为自己的榜样，努力学习向他靠拢。在这个榜样的带领下，诚诚的学习成绩越来越好，两人的关系也越来越要好。

父母要做孩子的榜样

每个人都有模仿的天性，特别是小时候。例如，孩子的语言发展，就是对大人语言模仿的结果。孩子像一张白纸，他们会通过模仿习得各种各样的技能和行为，甚至是思想。教育家认为，模仿在教育里起着举足轻重的作用，因为孩子的生活经验较少，认知能力尚未能得到完全发展，如果一味说教，孩子其实是很难想象和理解父母所说的道理的。因此，在家庭教育里，家长除了教授孩子规则以外，还要学会给孩子树立正面榜样。

以身作则 在所有榜样中，父母是最关键的。父母是孩子的第一任老师，他们的言行会给孩子带来潜移默化的影响。模仿是一把双刃剑，孩子也会对父母不好的行为进行模仿和学习。例如，爸爸妈妈经常赌博，孩子很可能也会染上赌博的恶习。相反，如果爸爸妈妈有爱心、有礼貌，那么，孩子也会变得有爱心、有礼貌。

为孩子寻找同龄人榜样 在与同龄人相处的过程中，孩子们会不由自主地学习、模仿，这也能帮助孩子发现他人的优点。家长可以耐心地告诉孩子，谁在某一方面做得很好，应该向他学习。当然，这里并不是让家长给孩子构建一个完美的"别人家的孩子"。每个孩子都有优点和缺点，孩子心里也会有一杆秤。家长过分夸奖别人家的孩子会导致自己的孩子产生逆反、不信任等心理。与其大肆夸奖某个孩子，还不如直截了当说明别人家的孩子也有不足的地方，引导孩子学习对方的优点。

　　巧用反面例子　有的家长习惯了对孩子说："如果你不……将来就会像×××那样。"家长们希望借他人的教训来教育孩子，以此作为警醒。这样的做法并无不可，反面例子确实可以给孩子一定的警醒作用。但是，在运用反面例子的时候，家长要仔细地给孩子解析反面例子的错误在哪里，同时告诉他们为什么这是错的，而不是单纯地告诉孩子如果不怎样，就会得到不好的结果。只有知其然，并知其所以然，反面例子才有意义。

11　没有笨孩子

　　每个家长都不希望自己的孩子被贴上"笨孩子"的标签。如何让自己的孩子成为一个聪明孩子是困扰着许多家长的一个问题。一直以来，学习成绩都是评判孩子是否聪明的一把标尺。然而发展是多面的，不同的孩子有不同的潜能，每个孩子都不该被贴上"笨孩子"的标签。

心理专家这样说：每个孩子都有属于自己的智能

　　哈佛心理学教授霍华德·加德纳提出了这样一个理论——人类的智能都不是单一的，而是多元的。每个人都会拥有八个方面的智能，即语言文字、逻辑数学、视觉空间、运动、音乐、人际、自省和观察。这一理论后来被命名为"多元智能理论"。该理论认为，一般情况下，没有哪个孩子在每一个方面都比别人差。当我们评价一个孩子的时候，应当以多元的眼光来看待。

别逼我，我有自己的优点

　　活泼开朗的妞妞被妈妈逼着去学钢琴，只因为妞妞妈妈同事的女儿弹得一手好钢琴。而妞妞天性好动，喜欢跑步、跳绳一类的体育运动，让她安安静静坐下来学钢琴实在是很难。因此，她学了快一年还是连最简单的曲子都弹不好。为此，妈妈常常指责她："你怎么这么笨？你看看和你一起学钢琴的倩倩多聪明！"妞妞心里想的却是："她们跑步可没我快！"后来的某一天，妞妞终于受不了了，哭着对妈妈说："我到底是不是你的孩子？为什么你总觉得我比别人笨！"

怎样面对"笨孩子"

妞妞的质疑着实令人心痛，也令人不禁反思：何为笨？何为聪明？可能在你责备孩子的数学成绩没有别的同学好的时候，该同学的父母也在责备自己的孩子没有你家孩子善于交际呢！每个孩子都有自己的优点，单一地用某个标准来评判孩子，其实是不公平的。所以，在教育你家"笨孩子"的时候，不妨这样做。

营造一个努力学习的家庭氛围　理解、包容孩子在学习上表现出来的不足和无力，切忌责备孩子、给孩子施压，更不能给孩子贴上"笨蛋""没出息"的标签。同时，家长也应该以身作则，热爱学习，通过潜移默化的方式影响和培养孩子。当然，你也可以有意识地用一些案例和小故事来暗示孩子，让孩子在故事和案例中汲取力量，受到启发。

适当给孩子安排查漏补缺的辅导课程　帮助孩子及时弥补基础知识和技能方面的不足，以克服学习障碍，方便后续的学习。当然，在安排辅导课程的时候，要采取妥善的交流方式，让孩子意识到不是因为他笨才让他去辅导班，而是希望他更好。家长也应当注意把控，以免过度增加孩子的学习负担。

对孩子不良学习习惯进行矫正　督促孩子做到今日事，今日毕。如果发现孩子有不按时完成作业的不良习惯，绝不能放纵，应及时立下规矩，帮其矫正。对待其他的不良习惯也要如此。

对孩子的潜能进行发掘和发展　每个身心健康的孩子都具备某一方面的潜能。家长们应当积极帮他们创造发现和发展的机会与条件，让他们在实践中认识自己的长处，培养自己的信心。例如，当孩子对古筝表现出浓厚兴趣时，家长在有条件的情况下，可以让孩子尝试学习古筝。孩子在自己擅长的方面有所发展时，他们才会产生积极的情感，有了积极的情感后，家长就可以引导他们将这份情感转移到学习上，促进其学业进步。

第三章　身心萌动的青春期

——孩子需要性教育

01 令人羞耻的梦

随着孩子悄悄走近青春期，性话题便开始频繁出现在父母的教育议程中。与此同时，孩子也在经历着一系列的变化。这个时期，孩子很可能会梦见一些令人害羞的场景，我们通常称之为性梦。如果缺乏正确指引，孩子可能会因性梦的出现而倍感压力。

心理专家这样说：性梦可以促进孩子的身心发展

据研究，性梦的出现可以促进青春期孩子的身心发展。从心理学的角度讲，性梦是通过性幻想的方式满足性意识及潜在意识的客观表现。性梦的存在有助于缓解孩子在日常生活中因无法满足性活动而带来的沉重压力。以男孩子的遗精为例，遗精现象大多与性梦息息相关。因为性梦的刺激，精液自动射了出来。由此可见，性梦在一定程度上可以满足孩子的生理需求。

对于青春期的孩子而言，他们对异性的渴求会变得十分强烈，因为不能直接释放性欲，所以那些曾经出现在电视、电影、书籍中的情色画面会慢慢地深入到孩子的潜意识里，促使孩子出现性梦。一般情况下，在18岁到婚前的这段时间里，人们都会被性梦所缠绕，尤其是那些想象力较丰富的人。结婚后，性梦出现的概率会大大降低。我们不能单纯地认定性梦是好的或是坏的，因为它带来的影响可能是积极的，也可能是消极的。而影响积极或消极取决于孩子个人的自控能力和家长的引导。

我是不是不正常

升入高中以后，鹏鹏总会做一些难以启齿的梦。梦里，他会和异性相拥、亲吻，甚至发生性关系。有时候，梦里的异性还是身边某个熟悉的人，甚至是老师。早上起床时，他还会发现自己的内裤湿湿的。他不敢告诉别人，生怕别人觉得他心理变态。后来，他也不敢正视身边那些曾经出现在他梦里的异性。他不知道自己怎么会做这样的梦，也不知道该如何是好。一段时间后，他的心理压力越来越大，成绩也一落千丈。

帮助孩子摆脱性梦压力

其实，鹏鹏并不需要为自己的性梦感到羞耻或有压力，因为性梦的存在是正常的。青春期到来后，男生的性意识飞速发展，他们往往会特别渴望接触异性。因此，在这个时间段内，出现性梦是正常的。

性梦是一种生理现象，更是一种心理现象，与道德无关。如果家长发现自己的孩子被性梦困扰时，最佳的处理方式应该是怎样的呢？

摆正自己的态度 家长本人应该认识到性梦是非常正常的心理及生理现象，这并不代表孩子是肮脏的，或者是没有道德的。不少缺乏性知识的孩子可能会因为这一难以启齿的梦而感到担忧和愧疚，身为家长更不应该给孩子压力。

帮助孩子正确认识性梦　当父母中的一方发现了孩子这一难以启齿的小秘密后，应该及时和另一方交流和协商，然后挑选一个合适的时机，例如，孩子观看青春类电视剧的时候，由同性家长为孩子进行性知识的科普，帮助孩子正确认识性梦的存在。异性家长则佯装不知情，和孩子正常相处即可。

着眼生活细节　例如，给孩子准备一些相对宽松的衣物，尤其不要给孩子穿紧身裤子。饮食上也要注意合理搭配，此时正是孩子长身体的时候，应当多补充蛋白质等。同时，异性家长要注意避免与孩子直接的肌肤接触，因为这个时期，孩子已经意识到性的存在了。不仅如此，家长还要多和孩子交流与沟通，比如多和孩子聊聊异性，引导他们正确对待异性。

令人羞耻的梦并不可耻，这是孩子成长的必经之路。家长要学会对这个时期的孩子进行引导，以免性梦变成噩梦。

02 避之不及的早恋

孩子进入青春期以后，许多家长都会担心一个问题——早恋。早恋对于广大家长而言，更像是洪水猛兽般的存在。大家普遍认为，随着早恋的发生，许多问题会接踵而至。例如，影响学习成绩，影响身心发展……于是，家长们开始提防孩子早恋的发生。但是，在荷尔蒙的作用下，爱情总是会不期而至。

心理专家这样说：恋爱悄悄来到

孩子在9~12岁的时候开始进入性意识以及性爱的萌芽期。此时，孩子们已经可以正确认识自己的性别了。随着时间的推移，孩子们的性机能开始步入成熟，这个时候的他们已经开始逐渐接触性体验。对年纪相仿的异性，他们会感到好奇，进而产生爱慕心理，于是，恋情悄然而至。

产生好感没有错

一天，倩倩的妈妈怒气冲冲地将倩倩骂了一顿，言语间甚至带有羞辱的成分。原来，倩倩妈妈接到老师的电话，说倩倩自上初二以后，就与班上一位男生关系亲密，甚至确立了男女朋友关系。班上传得沸沸扬扬，老师无可奈何之下只好通知双方家长，希望家长加以干预。倩倩妈妈得知消息后，怒火中烧，指着倩倩的鼻子就是一顿骂。谁知，倩倩被骂后，竟然意欲自杀，这可把倩倩妈妈吓得够呛。

帮助孩子把早恋变得美好

这个案例里的孩子和家长都是比较极端的。但不可否认的是，不少家长看待早恋问题确实有些片面。所谓的早恋，即初步且未成熟的恋情。这种恋情萌发于少男少女之间，不具世俗功利的爱慕之意。在漫漫人生路上，这个时期的孩子犹如初升的太阳一样，美好动人。任何一个心智健全的人在青春时期大概都有过一段关于初恋的美好记忆，它因其青涩和不成熟而显得更加珍贵。但是，有许多家长对于这种恋情持否定态度，并且横加干涉，这种做法不妥当。当然，我们肯定早恋的存在，并不代表要听之任之，让孩子们盲目沉溺于恋情中。因为，他们的心智还未完全成熟，也不具备社会经验，盲目沉溺其中，只会招致不良后果。身为家长，我们在面对青少年的早恋问题时，应该以指引为主。

在处理孩子早恋的问题时，家长应该保持冷静的态度。歇斯底里、盲目担忧并不会降低早恋现象发生的概率。

帮助孩子减轻心理负担　早恋发生的时候，孩子的内心也承受着巨大的压力，因为他们一方面担心家长和老师发现后会勃然大怒，一方面又难以克制自己的爱慕之情。这个时候，我们不妨引导孩子写写日记，记录一下心情。当他们的压力有了宣泄的途径时，情绪也就能得到一定的释放。

尊重孩子的恋情，家长要学会换位思考　回想自己的青少年时代，有多少人在面对异性时内心毫无波澜呢？与其将孩子的早恋问题上升到道德层面，过分夸大其负面影响，倒不如将孩子当成一个大人来对待，与孩子认真、平等地交流，将自己对他们的关心和爱护温和地表达出来。当孩子感受到父母的真诚和尊重时，便会信任父母，把父母当成倾诉的对象。

教孩子处理感情问题　身为家长，我们比孩子经历得多。家长可以以自己的经历为例，帮孩子疏理感情上的问题。例如，在指导男孩子的时候，家长可以给孩子讲述责任感的重要性，帮他们将大部分注意力转移到学习上来。在指导过程中，切忌责备、辱骂，因为辱骂会让孩子自尊心受挫，导致其叛逆心理的出现。

告诉孩子要把握分寸　我们理解、尊重、接受早恋的存在并不意味着听之任之。在教育过程中，家长不用过分追究早恋的相关细节，但是也应该让孩子明白，我们尊重他们单纯的情感，但不能因为早恋而影响文化知识的学习。在性关系等原则性问题上，也要与孩子约法三章，让他们明白纯洁的感情也应当有界限。

早恋就像一朵娇嫩的花，美丽动人，经不起家长的粗暴对待。与其粗暴地摧毁，不如让我们一起做合格的守花人。

03　安抚性成熟带来的恐慌

性成熟是每个孩子成长道路上必经的阶段。突如其来的变化预示着孩子迈上了新的成长台阶，即将开启一段崭新的历程。性教育会让孩子产生恐慌感。如何教育性成熟的孩子，让他们明白这是正常的、健康的变化，是每位家长的必修课。

心理专家这样说：青春期的到来

人成长到一定阶段时，生殖器官也会发育成熟，拥有正常的繁殖能力。这往往发生在青春期，被称为性成熟时期。性成熟的到来会给人类带来各种显著的变化。例如，男孩子会经历变声、喉结突出、出现遗精等现象，女孩子会出现乳房变大、月经初潮等现象。这些变化虽然不是突然出现的，但还是容易给孩子造成恐慌。

孩子的身体在变化

一天，欣欣醒来后发现自己的床单上有血迹。欣欣连忙检查了一下自己的身体，看看到底是哪里受伤了。她看到裤子上也有血迹，吓了一跳，以为自己得了什么重病，不由得尖叫了起来，欣欣的尖叫声引来了妈妈。

"妈妈，我这是怎么了？"欣欣一边哭一边拉住妈妈的手问道。

"傻孩子，你这是长大了，来月经了！"妈妈并没有表示担心，而是仔细给欣欣讲了一些有关月经的常识，欣欣这才慢慢平复下来。

呵护孩子的发育期

性教育的匮乏让孩子在面临月经初潮的时候陷入恐慌，这是家长、学校教育的不足。不过，欣欣妈妈的做法值得广大家长学习。在欣欣恐慌时，妈妈没有嘲笑，也没有漠视，而是先告诉孩子她长大了，然后耐心地给孩子讲解，平复孩子恐慌的心情。

家长的态度对孩子的身心发育相当重要。孩子性成熟期间需要父母的呵护、指导。那么，在他们为自己的性成熟感到恐慌时，家长应该做些什么呢？

提前跟孩子沟通　让孩子在精神和心理上都有所准备，当孩子有了充分的准备，在面对突如其来的变化时，就不会过分恐慌。

合理搭配饮食　青春期的孩子，维生素的需求量较大，尤其是对维生素A、维生素B、维生素C、维生素D的需求量更大。其中维A和维D有助于骨骼的发育，维B和维C有助于促进生长发育。这些维生素可以从日常饮食中摄取。家长可以多为孩子准备鸡蛋、牛奶、绿色果蔬、瘦肉、粗粮等。

从容面对青春期 当孩子出现性成熟标志，如月经初潮、喉结变大、变声等现象时，家长应该及时与孩子沟通，给孩子传授相应的性知识，恭喜孩子步入人生新阶段。同时，家长也要督促孩子勤洗澡、勤换衣，保持干净卫生的生活习惯。

孩子性成熟时期正是家长帮助孩子完成身体、心灵蜕变的好时机。家长面对孩子性成熟时的态度深刻影响着孩子的身心发育。

04　异性不是怪兽

当青春期到来时，很多少男少女会出现这样的情况：女孩子害怕和男生接触；男孩子在面对女生的时候感到紧张。几乎每个青春期的孩子在面对异性的时候，会有好奇、好感、羞涩，这是正常现象。

心理专家这样说：你不是坏孩子

青春期的孩子在面对异性时感到害羞和紧张，说明他们已经开始产生一些朦胧的想法了。由于性教育的缺失，他们会为自己的想法感到愧疚和懊恼，认为自己是坏人。为了让自己变回好孩子，他们会尽量逼迫自己不去想。但是有时候，那些念头又会从心里冒出来。这样矛盾的心理会让他们感到恐慌，进而害怕见到异性。当然，还有另一种情况：孩子渴望得到异性的关注，希望自己能够在异性面前有所表现。可是，越是渴望别人的关注，表现就越不自然。

面对异性，有些不知所措

妍妍今年15岁，上高一。这天，内向的妍妍突然向妈妈提出退学的请求。妈妈大吃一惊，以为孩子在学校遭遇不公平对待或者被欺负了。与孩子沟通之后，妈妈才知道，原来妍妍感觉自己很难融入这个班集体，面对男同学的时候，总是觉得很紧张，生怕自己说错话，可是越害怕，越容易说错话。同学们虽然没有说过自己什么，可是，她总觉得自己精神有毛病，于是提出了退学的请求。

帮助孩子消除惶恐

回避是因为想要，害怕是因为内心矛盾。要把这种矛盾打破，让心里藏着的"小老鼠"跑出来。当孩子发现"老鼠"是可以满地跑的时候，焦虑也就消失了。

对异性感到恐慌多出现在性格内向的孩子身上,性格外向的孩子较少有这方面的困扰。大多性格内向的孩子不善言辞,如果心中对异性有好奇与爱慕,便会对异性的态度和回应十分重视,同时又担心被拒绝,因而害怕见到异性,甚至脑海里经常浮现自己被拒绝的场景。另外,他们还很担心自己内心的秘密被他人看穿。于是,他们在现实生活中就会有害怕接触异性的表现。那么,家长应该如何帮助孩子呢?

引导孩子说出来 孩子内心有了这样的小秘密,往往会选择逃避,因为他们不知道自己的想法是否正常或者正确。这时候,就需要家长进行引导,告诉他们,想跟异性接触,又害怕与异性接触的矛盾心理是正常的。面对内向的孩子,家长绝对不能强行改变孩子的思维方式,那样只会让孩子的心理压力日益严重。

帮助孩子建立与异性朋友的友好关系 告诉孩子,无论是同性还是异性,他们的本质都是一样的。要想和异性交朋友,就要有一颗真诚的心,这是建立和发展同学、朋友关系的基础。心里对异性有想法是正常的,但是要懂得男女有别,不能越界。特别是男生,更要懂得尊重女生。总的来说,要先认同自己有想法这件事,然后做事、交往要做到问心无愧,落落大方。

把握尺度 家长要告诉孩子不能开过火的玩笑,说话要留有余地,因为说出去的话就如泼出去的水,是收不回来的。如果你将自己的言行举止当作伤害别人的利刃,那么你永远得不到友谊。在交往的过程中,最重要的是认识到男女生之间的差异,有的时候又能忽略这种差异。真正的朋友在于真诚,而不应该受限于性别。

05 孩子手淫怎么办

手淫指的是通过对自己外生殖器的刺激来满足内心性需求的行为。这是性冲动产生时，自我发泄欲望的表现。在青少年时期，手淫现象十分普遍。其实手淫从儿童时期就已经出现了。只是儿童时期的孩子对生殖器的玩弄往往是无意识的、偶发性的。

心理专家这样说：孩子会有性冲动

进入青春期以后，不论男女都会产生性冲动和性需求。手淫的现象大多出现在12岁到16岁时，这是基于身体的生理变化。青春期的孩子对性充满了好奇和幻想。在性生理及心理的影响下，孩子们开始有意识地进行自慰。因为性冲动并不是大脑能够控制的，所以也无法因为人的意志而转移。可以说，这是一种本能。关于手淫是好是坏，心理学界和医学界都没有权威的定论，但可以肯定的是，过度手淫是不利于身心健康的。

我的小秘密

一天，小聪背着妈妈，吞吞吐吐地向爸爸坦白了一个小秘密。

他告诉爸爸，自从上了初中，自己就开始用手解决需求。每次解决以后，都会感到十分舒服，与此同时，他又觉得这是一件很不好的事情，可他实在控制不住自己，他也不知道自己为什么会做出这么难以启齿的事情。随着心理压力越来越大，他的学习成绩也一落千丈。爸爸听完小聪的话，拍了拍孩子的肩膀，告诉他，他的行为其实是正常的，并向小聪解释了手淫现象的前因后果。从此手淫的阴霾渐渐散去，小聪也慢慢地放下了心理包袱，学习成绩稳步回升了。

做孩子的知心人

过度手淫不仅会导致精神萎靡、精力不足、记忆力变差、注意力无法集中、失眠、心悸等，还可能引发阳痿、早泄或女子性冷淡等病症。对于青少年来说，手淫频率高于一周一次就算是频繁手淫了。那么，对待孩子的手淫现象，家长应该怎么办呢？

肩负起性教育的责任　对孩子而言，父母是最好的老师。因此，由父母来对孩子进行性教育是最科学，也是最便捷的。父母应保证正确的性教育观念，不能持旧思想，谈性色变，应该积极主动地对孩子进行性教育。

帮助孩子正确认识手淫　孩子可能会因为自己的手淫行为而感到担忧、自责，产生巨大的心理压力。大多数孩子对手淫并不具备正确的认知，这比手淫现象带来的危害要大得多。所以，家长应该在青春期时就给孩子灌输：手淫是正常现象，不要因为好奇而去尝试，也不要因为发生了而感到羞耻内疚。如果已经出现了手淫现象，就要学会自控，只要自控得当，就不会有任何问题。

帮助孩子减轻心理负担，转移他们的注意力　发现孩子的情绪有波动时，家长应该积极和孩子交流，了解他们在日常生活和学习上是否遇到了困难。应该认真听孩子讲话，及时给孩子提供精神支持和情感疏导，帮助他们在出现性冲动时，将注意力转移到别的事情上；帮助孩子培养良好的兴趣爱好，例如唱歌、听音乐、体育锻炼等。

督促孩子养成良好的生活习惯　督促孩子做到勤洗澡、勤换衣，不要给孩子购买过紧的衣物，督促孩子按时睡觉。指导孩子认真清洗外生殖器，保持外生殖器的干净和卫生，避免发炎。同时也要避免不良因素对外生殖器产生刺激，引发性冲动。此外，家长在准备食物时，应避免辛辣等刺激性食物。

如果家长发现孩子有手淫的现象，千万不要惊慌，更不能打骂或者呵斥。对于孩子而言，这是他们成长的必经之路。当然，对于那些频繁手淫且手淫时间长的孩子，家长们也可以选择向专科医生或心理医生求助，通过外部干预来帮助孩子矫正不当行为。

06　孩子喜欢同性怎么办

　　当今社会，同性恋越来越多。随着社会、思想的进步，人们都会以宽容的态度对待同性恋。尽管如此，当家长发现自己的孩子可能喜欢同性的时候，还是会陷入恐慌之中。但是，仅仅凭借和同性有较亲密的接触就能断定孩子是同性恋吗？

心理专家这样说：青春期的性倾向混乱

　　青春期的孩子比较容易陷入性倾向混乱。这个时期，由于各种干扰，孩子可能会有一些和自己性别相反的性心理和行为，而且相对活跃。但这个时候的他们往往无法正常地通过与异性接触来满足自己的愿望。所以，有的孩子可能会通过与同性伙伴的亲密接触来代替正常的性接触。在反复强化之下，孩子的性倾向会出现混乱，进而表现出同性依恋的现象。当孩子平稳地度过了这段时期，他们的同性依恋倾向就会慢慢消失。

难道我的孩子是同性恋吗？

　　刚开学没多久，小蕊的妈妈就受到了老师的"召见"。原来，老师发现小蕊最近和隔壁班的小穗走得特别近。本来两个女孩子走得近并没有什么不妥。问题在于她俩经常躲在楼道的拐角处、教学楼的角落里，说话时也靠得特别近。特别是小穗留着一头短发，从行为动作来看很像男孩。两个人躲在角落里仿佛一对男女朋友一样。所以老师才着急地"召见"了小蕊的家长。小蕊的妈妈听了，内心犹如一团乱麻：难道我的孩子是同性恋吗？

正确对待孩子的性倾向问题

青春期孩子的性倾向会因为种种原因产生混乱，但这并不代表孩子一定是同性恋。更多时候，这只是一种同性依恋的表现。那么，当孩子性倾向混乱时，父母应该怎么处理呢？

明确同性恋和同性依恋的差别　同性依恋是孩子在性别倾向上出现短暂混乱的现象，而同性恋则是一种稳定的、专门指向同性的性倾向。所以，不能单纯因为孩子对同性有好感、与同性走得近就判定孩子是同性恋。

进一步增加与孩子之间的亲情关系　家庭是孩子的避风港，温暖的家庭可以解决孩子的心理问题。例如，多关注孩子的优点，及时给孩子鼓励和表扬。每个人都希望得到他人的肯定，青春期的孩子也一样。如果父母能够多将目光放在孩子的优点上，那么孩子就能够感受到父母的关注与爱护。

对孩子进行常规的性教育　性教育是每个青春期孩子都必须接受的教育。正确、合理的性教育能够帮助孩子明确自己的性别特征，缓解青春期性心理带来的压力，避免在性方面犯错。性教育包括生殖器官基础知识教育、性行为安全教育、第二性征发育教育等。

不宜与孩子过多纠结同性恋话题 不要和孩子过多讨论同性恋的问题。这容易让孩子产生心理暗示，从而强化他们对同性的依恋。

孩子在青春期时或多或少都会产生同性依恋的情况，这段时期平稳度过后，孩子对同性的依恋心理就会慢慢消失。

第四章　脾气暴躁的叛逆期

——好孩子突然不听话了

01 为什么听话的孩子突然不听话了

在教育孩子的道路上，父母会遇到各种各样的难题，其中有一座绕不过去的大山——叛逆期。孩子进入青春叛逆期后，许多家长会十分头疼，觉得孩子就像变了个人一样，越来越不听话了。于是，原本亲密的亲子关系就变得剑拔弩张了。

心理专家这样说：不能越过的叛逆期

从心理学的角度来讲，青春期孩子在成长道路上会面临一个心理过渡期。在这个过渡期，孩子的独立意识和自我意识会飞速发展。此时的他们迫切地希望自己能够成为一个独立的人，能够得到外界的承认——他们不再是孩子了。他们希望自己能够尽快摆脱家长的监护，可又不愿被外界忽视，于是，叛逆心理出现了。为了获取独立和平等的地位，原本的好孩子变得不听话了。其实，叛逆心理的存在是正常的，并非不健康。

我就要跟你对着干

自从陈小步入青春期，他的父母就总是抱怨：陈小像变了个人似的，再也不是原来那个乖巧懂事的孩子了。现在的陈小染着一头红发，衣着打扮也十分古怪，甚至还吸上了烟。有时候，父母说他两句，他就顶嘴。他的父母被气得够呛，打也打了，骂也骂了，可怎么都不见成效。陈小似乎就是喜欢与父母对着干。

理智对待叛逆期

陈小的变化其实是孩子叛逆期的一个极端案例。这个案例的根源是陈小父母未能恰当地管教小陈。父母与子女之间本身就存在着明显的价值观和行为作风的差异，也就是说，两代人之间本来就有代沟，而陈小父母显然没有意识到这一点。他们只将目光放在陈小的叛逆行径上，结果导致孩子的叛逆心理愈发严重。事实上，当孩子步入叛逆期后，父母更应当理智对待。

避免武断做决定　家长在教育孩子的时候，应当充分尊重和理解孩子，向他们征求意见，而不是直接下结论。多问孩子："你怎么看？""你觉得应该怎样？""你打算怎么办？"……在与孩子沟通交流后，家长就可以大致掌握孩子的看法和倾向性做法。由于孩子的经验不足，他们的看法和决策行为或多或少会存在不恰当的地方，这时候，家长应该以讨论的方式给孩子提建议。例如，可以告诉孩子："我觉得，这件事情可能是……""你觉得爸爸说的有没有道理呢？"在这样的交流方式中，孩子肯定可以感受到家长的尊重和理解，就不会有过多的排斥心理。孩子的叛逆心理基本都是因为没有感受到足够的尊重产生的。

松弛有度，合理让步　紧张忙碌的学习之余，适当的放松很有必要，家长应该懂得劳逸结合的重要性。与其等孩子通过反抗、抬杠来争取劳逸结合的机会，不如主动与孩子约法三章，约定合理的放松、玩耍时间。

做一个倾听者 孩子步入青春期，有时会有心情烦躁、心理压力大的情况，此时他们的行为容易出现偏差，作为孩子最亲近的人，父母往往会成为其发泄对象。在这样的情况下，家长更应该稳定自己的情绪，给予孩子充足的时间和空间进行调整，做一个良好的倾听者、点拨者，这样才能走进孩子的心里。

青春叛逆期是家长和孩子必须共同经历的一段时期。这段时期能否平稳度过，很大程度上取决于父母能否采取合理、恰当的引导和教育方式。

02 孩子总打架怎么办

正常的亲子关系中，为人父母者既不希望自己的孩子三天两头在外打架闹事，也不希望自己的孩子在外受人欺负。然而，孩子打架的情况总是层出不穷。

心理专家这样说：攻击性源于模仿

社会学习理论认为孩子的攻击性往往来源于模仿攻击行为。当攻击性得到强化时，孩子就会打架。例如，一个孩子从电视中看到有人通过暴力方式掠夺玩具，心里就会学习这种暴力获得玩具的行为。当生活中出现相同的情景时，孩子很容易采取暴力的方式去掠夺玩具，如果这种掠夺方式取得成功，孩子的攻击性就会得到进一步强化。

暴力不等于勇敢

前段时间，网络上流传着一段视频：一个男孩和一个女孩在打架，场面十分凶残。男孩不小心跌倒在地，女孩子乘胜追击，上前对跌倒的男孩拳打脚踢，扯着男孩的头发一顿猛揍。男孩被打得毫无还手之力，嘴里流着血，哇哇大哭。而一旁的成年男子不仅不加劝阻，反而在一旁加油助威。原来这位成年男子是女孩的父亲，也是男孩的姨丈。据成年男子说，他是为了训练孩子们懂得还击。

引导孩子远离暴力

校园暴力一直层出不穷，每次看到相关新闻，家长除了痛心，还有深深的担忧。身为家长，我们既不希望自己的孩子是被欺负的那个小可怜，也不希望自己的孩子是罪恶的刽子手。所以，加强这方面的引导是对青春期孩子教育的重点。

教会孩子合理正确地宣泄情绪　攻击行为一般源于孩子心中的烦恼和愤怒，或者是孩子遭遇的挫折。当孩子有不良情绪的时候，家长应该教会孩子通过运动、唱歌、画画等途径宣泄，而不是责怪或嘲笑他们。同时，当孩子有意愿用语言表达自己情绪的时候，家长应扮演倾听者的角色，绝对不能说类似"小孩子哪有那么多想法"的话。

营造良好的家庭氛围　良好的教育更多地来源于家庭。有研究证实，如果一个孩子的家庭环境相对稳定、良好，并且有充足的游戏时间，拥有各种玩具，那他的攻击行为相对会少很多，情绪上也相对平和。并不是把孩子送进名校就意味着他们可以成长为一棵参天大树，父母潜移默化的影响才是孩子性格与行为养成的决定因素。

增强孩子对生命的热爱　家长应当懂得让孩子学会承担责任，因为只有承担过责任的孩子才会对生命有所敬畏。这种责任感可以通过让孩子饲养宠物、照顾宠物来培养。

及时对打架的孩子进行心理引导　青少年时期是未成年向成年过渡的时期。在这个时期，青少年的心智还未健全。当他们发现打架能够赢得他人的崇拜后，就会认为打架是正确的。如果孩子已经打架了，家长应该对孩子进行正确引导，询问孩子打人的理由，帮助孩子剖析打架是否能真正解决问题，由此消除孩子的攻击性倾向。

青春往往都是与热血紧密相连的。孩子打架是结果，而不是问题的本质和缘由。面对孩子打架的情况，家长应当做出正确引导，帮助孩子健康成长。

03 孩子是不是交了"坏朋友"

近朱者赤，近墨者黑。没有家长希望自己的孩子和一些乱七八糟的人交往。他们总是担心自己的孩子和一些"坏孩子"混在一起会学坏。因此，一旦自己的孩子结识一些"坏孩子"，家长们就会心急如焚，并采取各种各样的方法来干涉孩子择友、交友。

心理专家这样说：交友是一种能力

从心理学的角度来讲，未成年的孩子身心方面的水平几近相同，在交朋友的时候，他们往往秉持着平等互惠的态度。在交友过程中，孩子们从心理相互影响，到行为相互模仿。长期下来，孩子的心理结构会因对朋友的认同和内化而发生改变。所以，由于他们的知识和经验不足，自我意识不够全面，很容易结交上"坏朋友"。

尽管如此，父母也不能一味地阻碍孩子交友。因为，交友是一种能力，如果父母未能加以引导和支持，会导致孩子丧失这一能力，变得孤僻。

朋友的影响很大

　　小兰在上小学时学习成绩一直都很不错，但升入初中以后，她的学习成绩一落千丈，平时和别人交谈的内容也变成了吃喝玩乐，还经常和其他同学或朋友出去玩到深夜。据老师反映，小兰上课经常走神，还时不时逃课。后来，小兰的爸爸妈妈发现，原来是小兰的朋友带坏了她。在小兰的交际圈中有位出了名的小太妹——琪琪。琪琪自幼缺乏父母的管教，整天沉迷于吃喝玩乐，还结交了不少游手好闲的社会人。小兰和琪琪走得近，不知不觉就被琪琪带"坏"了。爸爸妈妈想要挽救她时已经太晚了，她的成绩再没任何起色。

引导孩子交朋友

　　许多家长担心自己的孩子会不会跟着"坏孩子"学坏。如果孩子长期和不良少年混在一起，难免会染上不好的习惯。那么，家长应该如何指导孩子交友呢？

　　在条件允许的情况下，孩子可以自行结交朋友　家长不需要过分担心孩子在交友问题上受挫，毕竟这是孩子的成长经历。为了收获友谊，孩子会对自己的状态与情绪进行调整，并最终找到合适的朋友。因此，家长要学会放手，给孩子充足的时间和空间。

　　尊重孩子的决定　只要孩子相互喜欢、相互吸引，就能合得来，并成为朋友。即使他们之间出现矛盾、争吵，但是争吵过后，如果他们还想继续做朋友，就代表他们之间的亲密程度远远大于矛盾。这时候，家长应该尊重孩子的决定。

　　不要过分主观地限制孩子的交际　出于各种各样的担心，许多家长会过分限制孩子交友。其实每个孩子身上都有优点，能够玩得来，就证明彼此之间能够互相吸引。家长不应该以自己的主观想法给任何孩子贴标签，甚至杜绝自己的孩子与之来往。

不要功利地对待孩子的朋友　有些家长为了与某位领导或者老师打通关系，就要求自己的孩子去和对方的孩子结交，甚至在孩子面前毫不避讳自己的意图。孩子是纯洁的，当家长把大人的功利和阴暗面展现给正在建立人格的孩子后，他们可能会深受影响，变得功利或者不信任他人。

观察孩子的伙伴　放手让孩子自由地结交朋友，并不意味着家长要完全听之任之。家长可以在暗地里不动声色地向孩子了解朋友的家庭情况和习惯。如果发现那个孩子存在比较严重的问题，例如逃学、吸烟、打人等，就要向孩子表明态度，阐述自己不想让自己孩子与那个孩子来往过密的理由。单纯的禁止只会让孩子产生逆反的情绪。

04　孩子为什么会离家出走

有调查显示，20.8%的青少年曾产生过离家出走的想法，5.8%的青少年曾尝试离家出走。离家出走的人中，青少年占比高达40%。这不得不为广大家长敲响警钟，毕竟谁也不希望自己的孩子是下一个离家出走的孩子。

心理专家这样说：离家出走有原因

孩子之所以选择离家出走，很大程度上是因为对挫折的承受能力差，心理承受能力不足。当挫折降临时，他们无法面对，更无法接受。面对压力的时候，他们只能选择离家出走来逃避现实。此外，家庭与社会环境同样会对孩子产生影响。那些经常离家出走的孩子对家庭的归属感薄弱，对家长的感情也相对淡薄。因为没有安全感，所以孩子往往会认为自己是多余的，进而选择出走。

离家出走酿悲剧

前两天，邻居家的孩子贝贝因为考试成绩不理想被家长骂了一顿。负气之下，贝贝竟然离家出走了。大人发现孩子不见了以后，十分着急，他们找遍了附近的大街小巷，四处询问孩子的下落，并报警求助。可是，还是没能找到孩子。夫妇二人急得如热锅上的蚂蚁，每天除了寻找，就是以泪洗面。

不要让孩子选择逃避

孩子离家出走后，家长都会心急如焚，埋怨自己命苦，遇上这么一个不省心的孩子。事实上，孩子的问题牵扯出来的是家长的问题。孩子离家出走是家庭教育的问题。因此，要想避免孩子离家出走，父母首先要负起自己的责任。

家长应该对家庭的人际关系情况进行研究，包括夫妻之间的关系、父母与子女间的关系。如果孩子和父母的沟通顺畅，就会主动把自己的压力告知父母。父母了解孩子的状态，就能及时帮孩子疏导，防止孩子出走。相反，如果关系不好，孩子承担家庭关系不和谐的压力，更不可能与家长沟通了。如果出现这样的情况，家长应该坦诚地面对现状，心平气和地与孩子交流，引导孩子说出心中的不满。在了解孩子的不满后，家长应该保持冷静，及时承认错误并道歉，然后一步步获取孩子的信任，引导孩子说出问题，帮助孩子解决问题。

洞察孩子的情绪并耐心地教育和指导　家长要让孩子知道，离家出走只是一种消极对抗，并不能解决问题，反而会带来更多问题，并且会让父母担心、着急。家长要告诉孩子，积极沟通才是解决问题的办法。同时，家长也要对孩子表达信任，告诉他们"爸爸妈妈相信你能解决好这些问题"。

对自己的教育行为进行反省　孩子选择出走，是因为家庭教育出现了问题。例如，很多父母固执地以"为你好"等理由来对孩子进行教育和限制。在这种情况下，孩子非常容易选择离家出走。家长应该放下这种盲目自居的行为，多聆听老师、孩子、专家的看法，对自己的行为进行反思。家长有所改变，孩子也会对自己进行调整，离家出走的隐患就能从根本上得到解决。

理解、重视孩子的独立人格　家长应尊重孩子的独立人格，尽量少干涉他们，多给予孩子支持、肯定与鼓励。此外，家长还应培养孩子的各种能力，帮助孩子更好地面对挫折。

对于孩子的离家出走，家长应该做到防微杜渐。否则，等孩子真的不见了，一切都晚了。

05 孩子的自信心比考试分数重要

从步入校门起，孩子就开始面临各种考试，似乎从那一刻起，考试成绩就是孩子的标签。他们开始被分为优生、中等生、差生。面对这样的标签和区分，我们应该反思：分数真的那么重要吗？孩子的自信心难道不比分数更重要吗？

心理专家这样说：有自信，才有好成绩

自信是通向成功的第一步，失败的主要原因是自信心缺失。这句话放到考试上也同样适用。当一个人对考试目标产生怀疑或者缺少自信时，取得好成绩的可能性将大大降低。没有取得好成绩，又无法得到很好的指引和疏导时，孩子的自信心就会受到打击，由此引发新一轮的恶性循环。

总觉得自己不行

奕奕的爸爸妈妈经常批评奕奕太不自信了，大多情况下，奕奕都是扭扭捏捏的，觉得自己什么都做不成。而事实也是如此。每次考试，奕奕都会提前给爸爸妈妈打预防针："我觉得我可能又要考砸了。"事实也一次次印证了奕奕的话。慢慢地，连奕奕的爸爸妈妈也认为孩子的智力发展水平比不上同龄的孩子。爸爸妈妈不知如何是好，更不知道自己应该如何帮助奕奕树立自信。

帮助孩子树立自信心

孩子的自信心建设远比成绩重要，就如奕奕那样，如果连自己都觉得自己不行的话，学习成绩又怎么能提高呢？所以，家长应注重培养孩子的自信心。

学会欣赏孩子　幼年时期，家长能够信任、尊重孩子，经常夸奖孩子，孩子就能发现自己的优点，肯定自己的进步。相反，如果家长总是否定、质疑孩子，孩子也会怀疑自己的能力，进而否定自己，并产生强烈的自卑感。所以，家长应该多给予孩子肯定，让孩子知道家长会为他们的优点感到骄傲。家长不能盲目地将自己的孩子与别人家的孩子进行比较，而应对孩子的现在和过去进行纵向对比，让孩子看到自己的进步和发展。这样，孩子的自信心就会得到增强。对于那些进步较慢的孩子，家长应该给予更多的关心和鼓励，告诉孩子每个人都有自己的闪光点，帮助孩子正确评价自己。

帮助孩子创造成功的实践机会　自信心的建立要从小事做起，家长要充分了解孩子，明确孩子的优缺点。在日常生活中，家长也可以帮助孩子创造良好的实践机会，让孩子去尝试。例如，给孩子一些在他们能力范围内的任务，让他们参与做一顿饭；家里的一些小东西坏了，让他们想办法来修理。在孩子取得成功时，家长也应该及时予以表扬，肯定他们的付出。慢慢地，孩子就能感受到成功的喜悦，获得积极愉快的情绪感受。

多多鼓励孩子　在孩子的成长过程中，鼓励是必不可少的。很多时候，家长一味地给孩子灌输训导，却忘了鼓励孩子。值得注意的是，鼓励并不等同于表扬。鼓励是对孩子未来期望的表达，例如"我相信你一定能在下次考试中取得进步"。

06 用沟通打开孩子的心门

　　良好的沟通可以架起信任的桥梁，但是面对自己孩子的时候，许多家长却将这句话抛在脑后。尤其是面对青春期的孩子时，不少家长的态度会变得更加强势。经常听到家长们抱怨："现在的孩子都不知道在想什么。""为什么我的孩子不跟我沟通？"可是，家长们，你们反思过自己吗？

心理专家这样说：孩子长大啦！

　　孩子进入青春期以后，有了自己的思想与观念。这时候，孩子们开始思考这些问题："我是一个什么样的人？""我活着是为了什么？"……这个时候，孩子希望能够与别人进行沟通和交流，也希望能够获得他人的理解与尊重。如果家长还是一味沿用原来对待幼儿的方式与他们沟通，怎么能打开他们的心门呢？

做与孩子心意相通的父母

　　有一天，男孩波波带着同学到家里玩，不小心把门撞坏了。爸爸发现后，并没有大发雷霆，而是笑着对他们说："看来你们今天玩得很开心呀！连门都撞坏了。坏了就坏了吧，修好就行了。不过等到修好以后，你们可要小心一点哦！"波波和同学听了爸爸的话终于松了一口气。"嗯，以后我们会小心的！"波波带头承诺道。在爸爸修门的时候，波波和同学还主动搭手帮忙。后来，波波的同学对波波说："你爸爸可真好！"波波骄傲地回答："那是当然！我和爸爸的心是相通的！"

轻轻敲开孩子的心门

如果家长能够理解孩子的行为，孩子的心理压力会得到很大的缓解，并会积极采纳家长的意见，改正自己的错误。这样，孩子就不会对家长紧闭心门了！那么，家长应该如何通过交流叩开孩子的心门呢？

好好对孩子说话 事实上，家长要做到好好对孩子说话并不容易。青春期的孩子往往会出现叛逆、不听话等情况。这个时候，被愤怒冲昏了头脑的家长该如何做到好好和孩子说话呢？家长做的第一件事是要让自己平静下来，用尽量温和的语气和孩子沟通，询问孩子犯错的原因，并帮助孩子分析错误，提出改正的意见和建议。家长千万不能用辱骂、体罚等方式对待不听话的孩子。暴力的沟通方式只会适得其反，将孩子推得越来越远。

多多动之以情 孩子并不喜欢家长满嘴大道理，因为大道理都是抽象的，孩子很难理解，也不愿意理解。这时候，家长不妨列举身边一些生动的例子。比如在告诉孩子要团结友爱，互相帮助的时候，可以讲述自身的经历："今天在单位，有位叔叔帮我取了快递，节省了我的时间。""刚刚在车库停车的时候，邻居阿姨在一旁做指挥，我顺利地把车子倒进了车位里。"通过一个个鲜活的例子来告诉孩子，他们的做法是错误的或者是值得表扬的。当然，这里的列举并不是简单地罗列，而是要以讲故事的方式进行阐述，并询问孩子的看法。在这个过程中，孩子能感受到尊重，自然也就愿意敞开心扉了。

不要用大人的标准来衡量孩子的世界 孩子的内心世界往往比大人的内心世界要简单得多。但是，大人们往往忽略了这一点，所以在与孩子沟通的过程中，会习惯性地用大人的标准比对孩子的想法。正所谓"话不投机半句多"，孩子反感大人的言论，当然就不会好好地和家长沟通了，他们的心门也由此紧闭起来。叩开孩子的心门是每位家长都想实现的愿望。在此之前，家长们还有许多准备要做。走进孩子的内心并不容易，你准备好了吗？

07　分享经验，而不是灌输经验

"我吃过的盐比你吃过的米还要多！"这是许多家长挂在嘴边的口头禅。家长都不希望自己的孩子走弯路，都希望自己能够帮助孩子更快地成长。但是，填鸭式地灌输经验真的能让家长得偿所愿吗？

心理专家这样说：强行灌输只会适得其反

老师和家长，如果只是一味地将经验灌输给孩子，告诉孩子这个不能做，那个应该那样做，却不进行恰当、具体的引导，反而会导致孩子对家长及老师的话产生抵触情绪。另外，单方面的经验灌输，会让孩子的主动性及创造性受到抑制。也就是说，灌输经验无法达到家长的目标，还可能适得其反。

不试怎么知道

北北是个勇于尝试的孩子，他对什么都好奇。这天，他那小小的脑袋里又冒出一个新的疑问：为什么汽水瓶里的汽水总是不满呢？肯定是那些卖汽水的叔叔阿姨偷工减料。当他向妈妈提出这个问题时，妈妈却告诉他："因为灌满汽水的瓶子放进冷藏室里会导致瓶子炸裂。"

北北听了，撇了撇嘴表示不信，提出要自己试一试。谁知却遭到了妈妈的呵斥："都说了会炸裂的，你这孩子怎么不听话呢？妈妈的经验比你多得多，难道会骗你吗？"北北听了妈妈的话，立刻反驳起来："我就是要试试，不然怎么知道你说得对不对！你凭什么不让我试试？"一时间，母子间的气氛降到了冰点。

学会和孩子分享

家长不希望孩子走弯路，这是可以理解的。但是，蛮横地向孩子灌输家长既得的经验真的能帮助孩子少犯错吗？事实并非如此，孩子可能会出现与上述案例中的北北相同的反叛情绪。可见，家长在教育孩子的时候，不应该一味地对孩子进行经验灌输，而应该与孩子分享。

"不正经"的分享 在许多家长眼中，教育孩子是一件严肃的事情，所以经常要求孩子正襟危坐地聆听教诲，这样其实很容易让孩子感到压抑。与其如此，不如随意一点，不要将好好的经验分享会办得像批评会。家长可以和孩子坐在地板上进行一场"不正经"的分享。在轻松的氛围里，孩子更容易听取爸爸妈妈的意见。

给孩子尝试的机会 很多时候，孩子们总是"不到黄河心不死"。在家长劝说无果的情况下，如果事情的后果在可承受范围之内，不如放手让孩子尝试一下。当他们碰壁后，就能够理解家长为何阻止他们做这样的事情了。当孩子遭遇挫折时，爸爸妈妈不要嘲笑他们，更不要对他们说"你看我早就说过了吧"之类的话，而应该告诉他们："没关系，下次不要再犯就行了"，并向他们详细解释行不通的原因。此后，对于家长的提议，孩子就会更加关注。

与孩子分享自己的故事 人非圣贤，孰能无过。有的家长为了维护自己的权威，从不跟孩子讲述自己碰壁的经历，只是一味干巴巴地讲道理。事实上，如果家长能够主动向孩子讲述自己在某件事情上吃过的亏，反而更容易拉近亲子间的关系，孩子也会更认真地思考自己是不是真的要反其道而行。很多时候，爸爸妈妈的亲身经历远比别人的经历更令孩子信服。同时，给孩子讲讲自己曾经的"糗事"也能让孩子明白，每个人都会遭遇挫折，都会犯错。这样，在受挫时，孩子就不至于难以接受失败了。

第五章 常见的儿童心理问题

——难缠的"小毛病"

01　再见，"马大哈"

"马大哈"现象在生活中屡见不鲜，丢三落四、计算出错、审错题目等层出不穷，深刻地影响着孩子们的学习和生活。可惜的是，有的父母会刻意忽略"马大哈"现象。他们认为"马大哈"导致的错误与智力、能力无关，稍加提醒就可以了。事实上，"马大哈"给孩子带来的危害远远不止眼前所见的那么简单。

心理专家这样说："马大哈"行为是一种不良的心理素质

"马大哈"行为是因为注意力难以集中、感知片面化、传统定式影响等原因造成的。传统理念上，"马大哈"行为与智力无关。换言之，传统理念认为，孩子出现"马大哈"行为往往与专注力、观察力、记忆力及想象力等智力因素无关，而与兴趣、性格等因素有关。但从心理学的层面上讲，"马大哈"行为是一种不良的心理素质，对孩子的学习能力和解决问题的能力有着极大的影响。

妈妈，我又忘了！

二年级的陌陌学习成绩不错，却有个怎么都改不了的坏毛病——

粗心，不是不小心丢了钥匙，就是把水壶落在学校。每天晚上妈妈都要特意叮嘱陌陌记得把课本、文具、作业本都带全。可是，每次陌陌总会忘记点什么。这不，今天陌陌就打电话跟妈妈说，自己又忘带作业本了，要让妈妈送过去呢！对于这个"马大哈"，妈妈真是又生气又无奈。

再见，"马大哈"

现实生活中，这样的"马大哈"可真不少见呢！但是粗心、马虎的毛病不能纵容，因为这不仅会对孩子的生活造成干扰，也会影响孩子的成绩，甚至未来的发展。所以，在对孩子进行教育时，爸爸妈妈一定要努力帮孩子纠正"马大哈"坏习惯。具体应该怎么做呢？家长们不妨试试下面的方法。

减少帮孩子包办的行为　随着孩子慢慢长大，他们的行为能力也会大幅度提高。此时，爸爸妈妈要及时放手。例如让孩子自己整理房间，自己对自己进行管理，从而减少孩子对家长的依赖心理。在对孩子的教育上，家长本来就不应该事事操心。有时候，故意事不关己，高高挂起反而能够促使孩子调动思维与四肢去处理事情。慢慢地，孩子也就不会再"马大哈"了。

帮助孩子养成良好的行为习惯　父母要尽早给孩子灌输有序的生活观念。例如，东西要分类放好，东西用完后要及时放回原位，出门记得清点需要携带的东西……当孩子习惯了井然有序的生活，"马大哈"坏习惯就不会有机会出现。

从游戏中培养孩子的细心　爸爸妈妈可以多陪孩子玩一些类似于

"找不同"的游戏，陪孩子把两张图片上的不同点找出来。在这样的游戏中，孩子会专注于发现各种细节，认知与视觉辨别能力就会得到提高。慢慢地，孩子粗心的问题也就能得到解决了。

给予孩子正面的心理暗示　许多家长在孩子犯错的时候会说："这是你粗心导致的。"久而久之，这些强调就会变成心理暗示。孩子在潜意识里就会认为自己确实是粗心的，进而变得越来越粗心。相反，如果父母在发现孩子细心之处的时候，及时予以表扬，孩子就会认为自己是一个细心的人。并且，家长的表扬能够让孩子意识到细心是好的，他们克服"马大哈"习惯的积极性也会大大提高。

让孩子吃苦头　有时候，我们其实可以试着让孩子自己去承担"马大哈"带来的后果。例如，孩子可能会在学校给家长打电话，让家长帮他把落在家里的作业送到学校去。这时候，与其帮他送作业，倒不如不予理会，让他自己承担忘带作业的后果。又例如，孩子经常弄丢东西，家长先不要立刻花钱帮他买新的替补，而应该先让孩子仔细找找，实在找不到，就让孩子用自己的零花钱购买新的。如果没有足够的零花钱，家长可以提出以劳代偿的方式先帮孩子垫付。孩子尝到足够的苦头以后，就会主动改正自己的"马大哈"习惯了。

面对孩子的"马大哈"习惯，家长不要过度强化，应该运用合理、合适的教育手段帮孩子矫正，慢慢地，"马大哈"小朋友就会离开我们的家庭，取而代之的是一个个聪明细心的小朋友。

02　跟拖延症说拜拜

现如今，拖延症似乎是一种时尚。不少人都会把"我已经是拖延症晚期了"挂在嘴边，好像这样就有了免死金牌一般。潜移默化之下，不少小朋友也有了拖延的毛病。老师们教的"今日事今日毕"成了一句空谈。父母和老师在面对孩子们的拖延症时，除了生气、批评，还能做些什么呢？

心理专家这样说：拖延症是心理问题

一般来讲，所谓的拖延即为通过推迟来规避完成任务或者下决定的行为倾向或特性。这是自我阻碍以及功能紊乱的表现。近年来，"拖延"逐渐为人们所熟悉，甚至被列为一种病症。《拖延心理学》（简·博克、莱诺拉·袁著，蒋永强、陆正芳译）中这样说：拖延，从根本上来说，并不是一个时间管理方面的问题，也不是一个道德问题，而是一个复杂的心理问题。从根本而言，拖延的问题是一个人如何与自身相处的问题。

再给我一点时间

4岁的嘉嘉是个小磨蹭，无论做什么事情都是慢吞吞、拖拖拉拉的。嘉嘉妈妈对此非常担心。每天早上都会上演这一幕："嘉嘉，起床了！"妈妈一边准备早餐，一边喊嘉嘉起床。

"嗯……"嘉嘉含含糊糊地答应一声。

10分钟过后，嘉嘉还是没有起床。

妈妈急切地催道："快点起床了！不然就迟到了！"这时候，嘉嘉才伸了伸懒腰，从床上坐起来。

谁知道，起床后嘉嘉又磨蹭了20分钟。妈妈心急如焚，一直催促不停，可是嘉嘉还是一副不紧不慢的样子。最后，妈妈只好亲自动手，帮嘉嘉穿好衣服和鞋子。等全部整理完，时间已经过去40分钟了，原本宽裕的时间又变得十分紧张了。嘉嘉妈妈感到十分无奈，为什么我的孩子这么拖拉呢？

拜拜，拖延症

孩子拖延的时候，大部分爸爸妈妈会十分着急。有的家长会大声斥责孩子，甚至对孩子动手。这种粗暴、简单的教育不能解决根本问题。父母的怒气平息后，孩子的拖延症依旧存在。所以，要想从根本上解决孩子拖延的问题，家长应该平复好自己的心情，试试如下做法。

给孩子做榜样　父母一定要改掉拖延的毛病，养成动作迅速、干脆果断的行事风格。父母是孩子的行为典范，只有父母以身作则，孩子才可能学好。

通过比赛来激励孩子　爸爸妈妈不妨和孩子进行比赛。例如，比比谁收拾东西的速度快，谁起床速度快等，并用简单的表格记录孩子在各种事情上的耗时。孩子取得了进步，就奖励一朵小红花；没有进步就不做奖励；退步了就扣除一朵小红花。攒够一定数量的小红花就可以换取礼物，礼物可以是糖果，也可以是文具等小玩意儿。

用孩子感兴趣的事情作为激励　家长可以选取孩子喜欢的游戏、故事或者动画片来激励孩子做事。例如，孩子喜欢听爸爸妈妈讲故事，爸爸妈妈可以对孩子说："你抓紧时间把东西收拾完，我们就可以讲故事了！"不过需要注意的是，爸爸妈妈千万不能对孩子承诺一些难以办到的事情，以免失信于孩子。

训练孩子的熟练程度　有时候，孩子动作慢并不是因为故意拖延，而是因为不熟练、缺乏技巧。这个时候，爸爸妈妈可以教给孩子一些简单、基本的技巧，帮助孩子加快做事的速度，例如教孩子如何更快地系好鞋带。

给孩子适当的鼓励和表扬　对于孩子来说，表扬和鼓励代表了父母的肯定和期望，这是他们渴望的。感受到来自父母的肯定和期望后，他们对自己的期望也会提高，积极性也会得到提升。慢慢地，就会自动改掉拖延的毛病。

让孩子为自己的拖延负责　孩子尝到拖延带来的后果后，就会自觉改掉拖延的毛病。例如，孩子拖拖拉拉不去写作业的时候，家长可以适当提醒一下。如果孩子仍然拖拖拉拉没写作业，不妨任由他去，但是规定好不写完作业不可以睡觉，不可以看电视。当孩子意识到是因为自己的拖拉而没能睡觉和看电视后，自然就会改正。

自己的事情自己做　有的家长会因为怕孩子拖延而耽误事情，就干脆替孩子把所有事情都做好了。这样的做法容易导致孩子过分依赖父母，加重拖延症。对于孩子分内的事情，父母应该让孩子自己解决。在孩子遇到困难时，父母不要直接代劳，应该指导孩子自己做，孩子的能力在实践过程中得到锻炼，做起事情来也就更有效率了。

帮助孩子认识时间的宝贵　很多时候，孩子拖延是因为他们的时间观念较为淡薄。对他们来说，时间是一个很抽象的概念，所以，培养孩子的时间观念非常重要。父母可以通过讲一些名人的故事来教育孩子珍惜时间，也可以让孩子选一句座右铭来警醒自己。

03　喜欢插嘴的孩子不是心存恶意

在一些老师或家长看来，爱插话是个坏习惯，是一种没有礼貌、缺乏教养的表现。但是，从孩子的角度来看，真的是这样吗？那可未必！如果草率地对爱插话的孩子进行打压，你可能会错过了一个反应敏捷的小天使。

心理专家这样说：你可能伤害了一个有想法的人

大人说话的时候，孩子喜欢插嘴，是由于他们还年幼，知识水平尚浅，好奇心和求知欲又比较强烈。大人们讲他们从未听过的事情时，他们就会发出各种疑问，希望能够得到答案。插嘴是他们获取知识的方式，也是他们的优点之一。此外，孩子喜欢插嘴，也是自我意识的表现，而自我意识又是自信心和自尊心的前提。盲目制止孩子插嘴，可能会让孩子以后不敢再发表自己的看法。

我要说，我要说!

同事最近一直在抱怨，说自己的孩子帅帅什么都好，除了喜欢插话。那天，同事家里来了一个久别重逢的朋友，她们坐在沙发上正想好好地聊会天，帅帅却总是打断她们的聊天。他一会儿说说这个，一会儿扯扯那个。同事实在忍无可忍，便对他说："帅帅，妈妈正和阿姨聊天呢，你自己玩，别总是插嘴！"然而，帅帅只是消停了一会儿，很快又吵个不停。结果，同事和朋友也没能舒坦地聊上天。

如何对待爱插嘴的孩子

孩子爱插嘴的毛病总会让家长感到苦恼。不过，等你认真了解孩子的内心后就会明白，孩子并不是故意插嘴的。他们爱插嘴的毛病与其所处的年龄阶段有关。面对爱插嘴的孩子，家长要用心对待。

了解孩子插嘴的原因　有的孩子插嘴是为了获得家长的关注。在孩子心里，自己就是世界的中心，当家长的注意力不在他们身上的时候，他们就会感到难受，进而在家长与别人聊天的时候频频插嘴，希望能够得到家长的关注。

有的孩子是因为对家长的聊天内容感兴趣才会插嘴。随着孩子日益长大，他们的好奇心会越来越强。如果家长与别人聊天的内容勾起了他们的好奇心，他们就会频频插嘴，希望能够进一步了解该话题。

孩子还没学会等待　年幼的孩子一般都是想起什么，就说什么。他们总是希望自己的问题能够尽快得到解决。有了想说的话，也不会憋着，而是直接以插嘴的方式表达出来。

孩子愿意表达其实是一件好事　家长应该对孩子的意见予以重视和尊重。不管孩子的言论多么荒谬可笑，都不要嘲笑或者责备他们，而应该确切地说明，他们的错出在什么地方。如此一来，孩子乐于表达的性格能得到保护和发展，求知欲能得到满足，知识面也能被扩大。

指导孩子正确表达　由于年龄、阅历、经验的限制，孩子的是非观还未完全建立，所以他们有时就会在不恰当的时间、场合和地点乱说话，也就是所谓的童言无忌。这时候，家长不应该粗鲁地责备孩子，而应该适时地教孩子如何正确表达。例如，告诉孩子不要急着加入别人的聊天，应该耐心听完别人说话的内容，然后尽量完整地表达自己所想的内容，或者在大人聊天的时候，耐心等待，在别人停顿或者话题暂时终止的时候再插嘴。

家长也要注意言传身教　有的家长会随便打断孩子的话，甚至可能对孩子说出"住口"之类的话；有的长辈互相争执吵闹，没有做到耐心倾听。这些行为孩子们都看在眼里，久而久之，孩子就会形成错误的聊天及交往方式。

自古以来，中国人都认为大人说话，小孩子不能插嘴。事实上，孩子插嘴并不是出于恶意，只是没有找到合适的表达时机。这个时候，家长不应该一味制止，而是应该正确引导，让孩子明白什么时候才是说话的最佳时机。

04　幼儿"小偷行为"的救赎

在孩子成长的过程中，有的家长会面临一个难以启齿的问题——孩子偷东西。孩子小偷小摸的行为常常会引起家长的暴怒和担忧，生怕孩子将这一行为视为习惯，变成一个惯偷，最后走上歪路。那么，家长在遇到自己孩子偷东西时，应该怎么办才好呢？

心理专家这样说：不要轻易说孩子是小偷

不同年龄的孩子盗窃的原因大有不同。幼龄儿童的偷窃行为不能称为"偷"。因为他们还没有道德观念，对物权的概念还很模糊。他们还保留着原始的恋物情结，出于强烈的占有欲，幼龄儿童可能会做出偷的举动。但这样的行为并不能上升到偷窃的层面，也不能上升到道德水平的层面。此时，最忌讳的就是盲目给孩子扣上"小偷"的帽子。

家里的钱也不能随便拿

薇薇的妈妈最近发现放在门口鞋柜上的零钱总是会少，便留意起来。有一天，妈妈准备送薇薇去幼儿园，从卧室出来之后，看见薇薇从鞋柜上拿了两个硬币放进口袋里。为了照顾5岁的薇薇的情绪，妈妈并没有声张，打算薇薇放学之后再做处理。

晚饭之后，妈妈来到薇薇的房间，对薇薇说："薇薇长大了，是不是想要零花钱了？"薇薇说："是啊，最近小朋友都在玩一种卡片，我想有更多的卡片。""所以你就拿了鞋柜上的零钱，是吗？"妈妈故意用有些严肃的语气说道。薇薇似乎感受到了妈妈的不高兴，于是说："鞋柜上的钱就是咱们家的，我也可以拿，不是吗？"妈妈微微一笑，说道："虽然钱是咱们家的，但是薇薇在用之前，也要经过爸爸妈妈的同意才可以，这是对爸爸妈妈的尊重，知道吗？如果想买什么东西，可以跟爸爸妈妈商量。"聪明的薇薇意识到了自己的错误，低下头说："妈妈，对不起，以后我会和爸爸妈妈商量的。"

改掉"偷窃"的坏习惯

5岁的孩子偷偷拿家里的钱并不是真正的偷窃行为，因为这个年龄的孩子，是非观念还不是很清晰。换言之，他们可能并没有意识到这么做不对。真正的偷窃行为一般发生在6岁到青春期期间。面对幼儿的偷窃行为，家长还是应该及时予以制止。具体的方法可参考下述几点。

发现不妥，平复心情，耐心地与孩子沟通　例如，可以从侧面问他："这个玩具好漂亮呀，是从哪里来的呀？"切忌用审问的语气对孩子提问，否则会给孩子的心理造成压力，导致孩子通过撒谎来逃避父母的责难。

及时告诉孩子不能随便侵占他人的物品　日常生活中，父母也要不断给孩子灌输这样的观念：拿别人的东西之前，一定要经过别人的同意，未经别人同意就拿别人的东西是不对的。同时，家长也要注意培养孩子正确的待人接物方式。例如，在向别人借玩具的时候，要礼貌询问："你的这个玩具可不可以借我玩一会儿？"

尝试激发孩子的同理心　父母可以尝试着让孩子感受一下丢失心爱玩具的心情，以此来激发孩子的同理心。当孩子感受到失去心爱玩具的痛苦后，他们就会对自己的"偷窃"行为感到内疚，进而同情丢东西的人。慢慢地，他们的"偷窃"行为就会得到矫正。

不要给孩子贴标签　教育孩子的时候，其实最忌讳的就是给孩子贴标签。当发现孩子的"偷窃"行为后，家长不应该对他们进行严厉的责罚，也不应该给他们贴上"小偷"的标签，否则会导致孩子的自尊心受挫，进而导致其自卑情绪的产生。

鼓励孩子物归原主　发现孩子的"偷窃"行为后，家长除了给他们摆事实、讲道理，教育他们"偷窃"行为是错的以外，还应该及时教育孩子如何处理"偷"来的东西。家长应该教育、鼓励孩子将东西物归原主。当然，这里的归还并不是强迫归还，而是通过引导让孩子自愿归还。例如，家长可以告诉他们："玩具的主人一定很难过，宝宝要怎么办呢？现在就把玩具还给人家，好不好？"

孩子幼年时期的"偷窃"行为不能被真正地定性为偷窃，但是这并不意味着家长可以听之任之。相反，家长应该及时引导，以免孩子将这种"偷窃"行为延续下去，变成真正的小偷。

05 耐心对待"十万个为什么"

为什么天空是蓝色的？为什么大树要喝水？为什么……许多家长会感叹："我的孩子怎么那么喜欢问为什么？"起初，家长还会耐心地给孩子解释。慢慢地，家长也变得不耐烦了，这可怎么办呢？

心理专家这样说：孩子有了求知欲

美国夏威夷大学马诺阿分校心理学研究员协同密歇根大学研究人员研究发现，学龄前儿童有着强烈的求知欲。幼儿阶段，孩子的好奇心开始萌生和发展。这个时候，他们会产生一种源于本能的探究反射。苏联教育实践家、教育理论家苏霍姆林斯基也说过类似的话：人的内心里面有一种根深蒂固的需要——总感到自己是发现者、研究者、探寻者，在儿童的精神世界中，这种需求特别强烈。我们需要给孩子的这一需求提供充足的空间和支撑，否则这种需求就会慢慢消散，而孩子的求知欲也会随之烟消云散。

十万个为什么

有一天，浩浩的妈妈带着浩浩去参加聚会。在饭桌上，浩浩对什么都感到很好奇，不停地问妈妈："妈妈，为什么菜是红色的？""妈妈，为什么这里要放一块布？""妈妈，为什么一边煮菜一边吃？"一开始，妈妈还会耐心地解答。可到后来，妈妈被烦得不行，又觉得在同学面前丢脸，就低声训斥浩浩："好好吃饭，不要问那么多为什么了！没有为什么！"这声训斥确实起了作用，浩浩再也不问为什么了。

可是，后来妈妈才发现自己错了。因为浩浩从那以后对什么问题都没了兴趣，也不喜欢再开口提问了。原本的那个"十万个为什么"小朋友不见了，取而代之的是一个对什么都不再感兴趣的、沉默的孩子。

保护孩子的好奇心

虽然孩子年纪不大，但他们确实能察觉到家长的态度。来自家长的不耐烦和训斥会让他们慢慢丧失问问题的兴趣，变得没有好奇心，也没有求知的欲望。所以，为了给孩子营造良好的思考氛围，父母一定要认真对待孩子的提问。所以，面对家里的"十万个为什么"，家长可以这么做。

观察孩子的意图，避免落入孩子的"圈套" 有的时候，孩子的提问只是在向你传达自己的愿望，而非真的希望得到解答。例如，他们会问你："我为什么要这么早睡觉？""我为什么要上学？"这些问题看上去是在询问自己为什么要这么做，实际上是在向父母表达自己的不情愿。如果父母回答"如果你不上学，就会……"就错了。因为这种答案很可能给孩子留下反驳的切入口。最聪明的答案应该是：因为现在是该上学的时间，所以宝宝要上学。

引导孩子举一反三 孩子向父母询问为什么的时候，他们自己也在思考。但是，由于思维简单，他们很难做到举一反三。这也是有的孩子总会反复提出同类问题的原因。这个时候，就需要家长教孩子学着联想。在回答孩子问题的时候，家长不妨再做一个引申，抛出一个同类问题让孩子回答。

引导孩子进行科学探讨　孩子提问的时候，家长千万别急着给出答案。因为有的时候，孩子会继续刨根问底，而有的时候，家长的答案意味着问题的结束，也就意味着错失了引导孩子深入思考的机会。在回答之前，不如先卖卖关子，问问孩子的看法，引导、鼓励孩子主动寻求问题的答案。

营造良好的思考环境　当孩子提出问题的时候，家长应该及时肯定和表扬孩子的探究精神。对于一些比较异想天开的问题，家长绝对不能讽刺和责备，而应适时给予肯定。只有这样，孩子才会喜欢创造。同时，如果孩子在实践中遭遇挫折，父母应适当予以帮助，并加以鼓励。当然，这并不代表父母要为孩子包办一切。

第二部分

面对成长期的孩子，父母如何应对

第六章　爸爸妈妈如何避免成为"熊父母"

O1 "熊孩子"背后肯定有对"熊父母"

不知从何时起，"熊孩子"这个词开始流行起来。"熊孩子"所到之处必定掀起一场"腥风血雨"，以至于众人对"熊孩子"往往避之不及。慢慢地，大家也意识到，"熊孩子"的身后往往站着一对同样令人厌恶的"熊父母"。

心理专家这样说："熊孩子"可能是在模仿

班杜拉的社会学习理论认为，观察学习者可通过观察其他人在某一环境下的行为来完成学习。也就是说孩子可以经由观察学习来模仿动作、学习语言，乃至培养人格。

孩子也要讲道理

一天，王女士家里来了一个小亲戚。这个小亲戚可是个"混世小魔王"，他在王女士家中上蹿下跳，损坏了不少东西，甚至还把王女士的女儿欺负得哇哇大哭。他的父母不仅不阻止，还说："孩子还小，什么都不懂，何况你女儿也没真的受伤呀。"这可把王女士气得火冒三丈。更没想到的是，这对父母还反过来指责王女士："你一个大人怎么还跟一个孩子计较，真是小气。"

再来看一个正面例子：有一位母亲带着孩子乘坐飞机，飞机起飞引起了孩子的不适，孩子便哭闹起来。面对这种情况，那位母亲严肃地对孩子说："你看，叔叔阿姨们也很辛苦，你这样哭闹会影响他们休息，你觉得这样做合适吗？"孩子听了妈妈的话，渐渐收住了哭声。接着，那位母亲又对孩子说："那你是不是要为自己刚才的行为道歉呢？"于是，孩子又奶声奶气地向周围的乘客道歉。

改造"熊孩子"，从家长做起

所谓"熊父母"，就是对自己孩子做的坏事，不以为耻，反以为荣，并给自己的孩子找各种各样的借口来逃避他人的指责。或者说，他们根本不认为自己的孩子做错了，反而将责任推卸到他人身上，认为是他人的要求过于严苛。"熊父母"最常说的就是："不要跟孩子计较嘛""孩子还小""孩子不懂事，你让一步嘛"……这些话乍听上去似乎难以反驳，但是细细想来，是没有道理可言的。

他人没义务和责任包容你的孩子 父母可以无限包容自己的孩子，但不代表所有人都有义务和责任包容你的孩子。如果孩子侵犯了他人的利益，父母就要及时制止。懂得照顾别人的感受是每个家长必须帮助孩子培养的美德。

给孩子展示自己的舞台 "熊孩子"多半精力旺盛，喜欢上蹿下跳，尤其是在人多的公共场合，更像是一个"人来疯"。带孩子乘坐公共交通工具或者逛商场的时候，如果孩子的表现过于亢奋，已经严重影响到别人，家长应该毫不犹豫地制止。如果情况严重，还要引导孩子向别人道歉。家长在制止的过程中，也要注意措辞，不能用类似于"你再这样，叔叔阿姨就要过来打你了"的话语来恐吓孩子，这样会让孩子认为是因为别人会生气，爸爸妈妈才制止我，而不是因为自己的行为不正确。孩子犯错就要指正，语气可以委婉，但不能欲盖弥彰。孩子想要展示自我，就给他一个机会。比如家里来客人的时候，可以让孩子帮忙拿拖鞋、端水果，这样一来，"熊孩子"就转变为"乖宝宝"了。

02　溺爱孩子就是害孩子

父母都爱自己的孩子，爱是维系亲子关系的纽带。但是，不同的父母对爱的表达方式不同。其中有一种爱往往会成为害孩子的毒药，那就是溺爱。溺爱孩子的父母都很难意识到溺爱给孩子带来的其实是毁灭。

心理专家这样说：溺爱孩子其实是在溺爱自己

从心理学的角度来讲，父母对孩子的溺爱很大程度上是出于自恋心理。他们在溺爱孩子的时候，关注更多的并不是孩子的成长需求，而是关注自己的需求，将孩子当成了自己的替身，给予过度的宠爱。也就是说，父母在溺爱孩子的时候，其实是在溺爱自己。

蛮横的小公主

艳艳是家里的独女，爸爸妈妈都很宠爱她。在物质生活上，爸爸妈妈对艳艳可以说是有求必应。在爸爸妈妈的预期中，孩子会在这样无微不至的关爱下茁壮成长，成为父母的骄傲。然而，事实却并非如此。在爸爸妈妈的溺爱下，艳艳变得不可理喻。不管在哪里，艳艳都像一个小公主。有一次，因为妈妈递来的水有点凉，艳艳就冲着妈妈大声嚷嚷："你怎么回事！这个水太凉了！"说着，直接将杯子摔在地上。爸爸妈妈惊得目瞪口呆。他们心目中那个乖巧懂事的孩子怎么就变成这样了呢？

用正确的方法爱孩子

艳艳显然是一个被爸爸妈妈宠坏的孩子。因为只有一个女儿，所以爸爸妈妈总想着给艳艳更贴心的照顾和关爱。但他们的有求必应、无条件宠溺却将孩子打造成了一个小恶魔。相信这是每个家长都不愿意看到的结果。那么，家长究竟应该怎样正确地爱孩子呢？

学会拒绝孩子　有时候，孩子会向家长提一些不合理的要求，例如无缘无故要求不去上课。面对这些不合理的要求，家长应该学会说"不"。拒绝孩子的时候，家长应该态度坚决，并简明地解释拒绝的理由，切忌态度激动，反复叨念，以免激化孩子的情绪。

不给孩子任何特殊待遇　随着生活越来越好，很多孩子在家里像小皇帝一样，享受着各种特殊待遇。例如，有的家长会给孩子举办隆重的生日聚会，反而忽略了自己或者长辈们的生日。在这样的家庭氛围下成长起来的孩子很可能会变得自私，他们会习惯性地认为自己是特殊的。

不要帮孩子包办事情　我们小时候都被教育自己的事情自己做，可轮到我们的孩子的时候，有的家长却全然忘了父母的教诲。他们有的是心疼孩子，有的是嫌孩子做得慢，所以宁愿选择自己做，结果孩子到了七八岁还要爸爸妈妈帮他们穿衣服。在这样的环境下成长起来的孩子很容易变得软弱、不上进。

不过分维护孩子　家长都是维护自己的孩子的，但是在大是大非以及原则性问题上，家长不能以"孩子还小""等他们长大了就懂了"等理由来维护孩子。这并不是爱孩子，而是害孩子。因为这个时候孩子是非观念还未健全，这些维护很容易带给他们错误的指引，导致他们的是非观发生扭曲。

让孩子为你分担　家长遇到难题时，不妨选择性地和孩子进行讨论，邀请他们出谋划策。家长身体不适或患病期间，不妨让孩子们帮忙做点力所能及的事情，比如做些简单的家务。在孩子感受到自己已经渐渐长大，可以为父母分忧的时候，责任感也会慢慢培养起来。

父母的爱是孩子成长的养料，如果父母没能把握好这个度，就很可能会让它成为溺死孩子的汪洋大海。

03 合理的奖罚机制

奖励与惩罚都是教育孩子时必不可少的手段。合理的奖惩机制能够帮助家长培养孩子正确的行为习惯，形成正确的是非观。奖惩机制如果不合理，则有可能导致教育走向失败。所以，在教育孩子的时候，一定要妥善运用奖惩手段，建立正确合理的奖惩机制。

心理专家这样说：奖励惩罚范围广

从心理学的角度分析，但凡会引发孩子负面心理感受的行为都属于惩罚，相反的，但凡能够刺激孩子出现正面心理感受的做法都属于奖励。由此可见，奖励与惩罚的范围非常广。奖励和惩罚都要适度，否则会对孩子的健康造成影响。

简单粗暴不能解决问题

这天，康康的妈妈下班回家，看见康康又在玩电脑。这时候，康康的奶奶说，康康已经玩了两个多小时电脑了，怎么也不听。

于是，康康妈妈生气地走到电脑桌前，"啪"的一声直接切断了电源。康康游戏玩到一半，突然被切断了电源，心里自然不高兴，便冲着妈妈嚷嚷。妈妈冷冷地说道："现在你再敢开电脑，我就直接把电脑砸了，说到做到。"妈妈的话对康康起了一定的震慑作用，康康可不敢再开电脑了，可他心里憋屈得不得了，便大哭了起来。妈妈也不管他，自顾自准备起晚饭来。第二天，康康还是准时坐在电脑前玩电脑，而妈妈的处理方式仍旧和之前一样。这样的对峙延续了很长时间，孩子沉迷游戏的习惯还是没有改掉。

奖惩有度

康康的妈妈犯了一个严重的错误——她并没有对康康沉迷游戏的行为进行惩罚，只是直截了当地阻止孩子继续玩游戏。在没有受到批评和惩罚的情况下，康康怎么会改正自己的错误呢？教育孩子的时候，奖罚机制的建立是非常必要的。如果没有合理的奖罚机制，惩罚就不能起到应有的教育作用。那么，正确合理的奖罚机制应该是怎样的呢？

明确奖惩机制的适用范围　奖励应该有明确的适用范围。应该用于肯定孩子的长处，引导他们做出改变。例如，一个平时沉默怕生的孩子第一次登台演讲后，无论效果好坏，家长都应该予以表扬，鼓励他的勇敢。这有助于孩子建立自信心。但是，当奖励使用失当的时候，孩子就会变得骄傲自满，进而影响其自律性。例如，孩子完成了自己分内的事情，家长不应该盲目奖励，因为这是孩子应该做的。

同样的，惩罚也应当有明确的适用范围。惩罚是为了让孩子改正错误，避免误入歧途。例如，当家长发现孩子有逃课行为的时候，就应该对其进行批评、惩罚。有的家长顾虑孩子的自尊心，所以对孩子犯的错选择性忽略，不敢惩罚，这样容易导致孩子是非观混乱，进而出现人格缺陷。惩罚也可能导致孩子变得自卑懦弱。例如，孩子只是偶尔看一下电视，父母却夸大了看电视的危害，严厉地惩罚了孩子，之后孩子就会变得谨小慎微，生怕做了什么再受责罚。

三分罚七分奖　教育孩子的时候，奖励往往比惩罚的作用大。一旦惩罚比奖励的频率高，孩子的自尊心和自信心就会受到打击。特别是那些年纪尚小的孩子，他们往往会偏信家长的话。所以，在教育孩子的时候，家长最好选用"三分罚七分奖"的奖惩机制，对孩子多些肯定和鼓励。奖励孩子的时候，可以提醒他还存在哪些不足，避免孩子因受到奖励而骄傲自满；惩罚的时候，也要记得对孩子的优点进行肯定，以免孩子因受到惩罚而感到自卑。

奖惩应该立足于实际，做到有理有据　有的家长对孩子的奖惩是随心所欲的。如果当天心情好，就对孩子进行一番奖励；如果心情不好，就会迁怒于孩子。这种没有任何标准的奖惩机制是毫无建设性的。

所以，在奖惩孩子的时候，家长一定要做到有理有据，并向孩子详细解释缘由，以免孩子不知道自己哪里做得好，哪里做得不好。

奖惩机制是教育过程中必不可少的一环。如果父母能够用心观察和了解孩子，并建立正确、适度的奖惩机制，教育的效果会显著提高。

04 如何正确批评孩子

孩子难免会在成长过程中犯错，如何正确地批评孩子是每位父母的必修课。如果父母没能学好这一课，批评就很可能演变为情感虐待，造成孩子一系列的心理问题。

心理专家这样说：批评也是一种伤害

有调查发现，在成长期间（0～10岁），孩子们平均受到的"伤害"高达两万次，而这些伤害大部分来源于父母的批评。对于这些幼小的孩子来说，不正确的批评方式无异于人身伤害。这些伤害深深地烙在孩子心里，严重影响了孩子的成长，让孩子们变得懦弱、犹豫、不安。

我们都曾是孩子，都曾在犯错的过程中不断认识和学习。为何要过分苛责孩子呢？

一言不合就批评

一个周末，蓉蓉的妈妈和几个同事一起带着孩子们去郊外玩。一开始，这几个孩子相处融洽，玩得很开心。可是没多久，他们就因为一个玩具发生了争吵。几个孩子互相推搡，蓉蓉被推倒在地。

一气之下，蓉蓉竟然一把抢过玩具并扔得远远的。蓉蓉妈妈见此情景，狠狠地把蓉蓉骂了一顿："你说你这孩子脾气怎么这么坏！"蓉蓉本来还想向妈妈诉苦，说自己手被划破了，谁知妈妈不问缘由就将她骂了一顿，还要求她道歉。蓉蓉的倔脾气一上来，直接扭头跑了，任谁也拉不住。

批评也有技巧

蓉蓉的妈妈没能正确地批评蓉蓉，她不分时间，不分场合，甚至不问缘由地对蓉蓉进行批评，激发了蓉蓉的逆反心理，于是就出现了蓉蓉扭头就跑的局面。妈妈的教育目的没有达到，局面也变得难以收拾。因此，批评孩子也要有技巧。

明确批评孩子的前提 在孩子成长的过程中，犯错是常见的事情。孩子的社会经验和生活经验都不足，他们并不知道自己的行为是错误的。这样的情况下，家长不应该直接批评孩子，因为没有人提前告诉他们这是错的。此时的批评很容易引起孩子的反感，或是让孩子变得唯唯诺诺，生怕自己又不小心做错了什么。如果孩子知道某个行为是错的，并且屡教不改，形成了稳定的坏习惯，那么单纯的批评就没有用了。家长应该进行适当的惩罚，让孩子为自己的坏习惯负责。

对事不对人 批评孩子的时候，不能给孩子贴标签。我们可以批评孩子的某个举动，例如偷窃行为，但是不能因此给孩子贴上"小偷"的标签。批评的过程中，我们只需要针对行为本身展开。要让孩子知道，只要改正了该行为，他就是一个好孩子。对孩子来说，被贴上了标签，就意味着无论自己怎样改正都抹不去之前的阴影。如果孩子对贴标签的行为进行反抗，这时候，亲子关系就会陷入僵局，甚至出现孩子与家长吵得不可开交的局面。更糟糕的情况是，孩子干脆破罐子破摔，认为自己反正已经是个坏孩子了，做什么都无所谓了。这时候，无论你说什么都很难挽救这个被伤透自尊的孩子了。

选择合适的场景批评孩子　有时候，家长会陷入这样的误区：孩子当众犯错时，就应该当众批评孩子，以标榜自己决不姑息。事实上，孩子也是有面子的，当他们当众被批评时，会觉得自尊心受挫。与其当众开骂，不如心平气和地与孩子讲道理。例如，孩子在高铁上吵闹时，不妨跟孩子说："坐了这么久的车，你累不累呀？你看，叔叔阿姨们也累了，可是你还影响他们休息，你说这样做对不对呢？"这样的做法远比直接对着孩子吼："你这个孩子怎么这么吵？"更有效。

　　批评是一种常见的教育手段，需要家长认真学习如何运用。否则，批评会成为孩子犯错的推手！

05　理智对待老师的"告状"

教育不仅是家庭和家长的事，也是学校和老师的事。作为孩子的共同教育者，老师和父母之间的沟通尤为重要。可惜的是，校方和家长之间的沟通时常出现阻碍。其中最常见的莫过于家长不能理智面对老师的反馈。

心理专家这样说：孩子讨厌老师向家长"告状"

随着年龄的增长，孩子和老师的关系往往会变得越来越疏远，甚至出现僵化和对立的情况。由于活动范围的扩大、交际圈的拓宽，孩子们渐渐开始以"小大人"自居，他们会觉得自己已经可以做决定了，不需要别人干涉。于是，孩子们对老师向家长"告状"的行为十分反感。当父母因为老师的"告状"而责备自己时，他们对老师的厌恶就会上升到极点。

火冒三丈改变不了什么

吉吉是个二年级的学生。最近吉吉妈妈跟我说，她被老师"召见"了。老师告诉妈妈，吉吉上课不认真听讲，作业也不认真完成，要求吉吉妈妈配合监督。吉吉妈妈怒火中烧，不管三七二十一直接将孩子打了一顿，可是吉吉好了伤疤忘了疼，在学校的表现并没有得到改善。老师继续向吉吉妈妈"告状"，吉吉妈妈十分发愁。

理智面对"告状"

在孩子成长的道路上，很多家长都遇到过老师"告状"的情况。仔细想想，面对老师的"告状"，你的表现是怎样的呢？是像吉吉的妈妈一样火冒三丈，还是心平气和地面对呢？怎样的做法才比较合理呢？

耐心倾听老师的"告状" 许多家长都怕老师"告状"，一方面是因为有的老师会像教训孩子一样教育家长，这让家长脸上无光；另一方面，家长们在得知老师误解或者委屈了孩子以后，因为担心孩子为难而不敢向老师讨回公道。于是，面对老师时，家长经常有一种老鼠遇上猫的感觉。家长应该知道的是：通常，老师向家长"告状"，是因为关注孩子，并且对他们怀有期望的表现。因此，家长应该感谢老师。老师向家长反馈孩子的不足，肯定是出于对孩子某方面的观察，家长不妨耐心地听老师讲，因为这些方面很可能是家长所忽略的。更详细地了解孩子的具体情况，有助于帮助孩子改正缺点。如果老师的评价有所偏颇，或者跟家长平时见到的孩子的表现有所差异，不要急着反驳，因为家长、老师之间的沟通并不是为了争对错，而是为了让孩子能够更好地成长。

虚心向老师请教 老师在教育上是比较有经验的，也比较了解这个年龄段的学生。家长不妨平和地将疑惑提出来，虚心向老师请教，老师往往能够给出较为合理的建议。在听完老师的话后，家长千万要平静对待，思考如何帮助孩子解决问题，而不是想着如何惩罚孩子。

积极配合老师　家长应该积极配合老师的教育，及时对孩子的不良习惯和行为进行纠正。当老师反馈孩子有所进步时，家长一定要不吝表扬，肯定孩子的努力与进步，也可以和孩子一起谢谢老师和同学的帮助。当老师反馈孩子的不良表现时，要保持冷静，先感谢老师的关注和帮助，再向老师讨教解决办法。

06　信任你的孩子

你相信你的孩子吗？当我们向广大家长提出这个问题时，大多数家长的回答都是肯定的。但在现实生活中，很多家长都不够信任自己的孩子。

心理专家这样说：神奇的皮格马利翁效应

心理学上有一种"皮格马利翁效应"，是指当人们根据自己对某一种情景的判断产生某种预言和期望时，该情景就会朝着期望或预言的方向发展。这告诉我们，信任和期望带有改变别人的能量。当一个人得到别人的信任时，就会变得自信，会尽力达到对方的期望，以此维持对方的信任。同样的道理也适用于孩子的教育问题。如果孩子感受到家长对他的信任，他就会去努力，避免让家长失望。

你可以的

还记得初二刚开学的时候，我的物理成绩非常差，每次考试成绩排名都是全班倒数。那时我就在想，也许我并不适合学习物理。然而，我的母亲并不这么认为，她跟我说："我并不觉得你比别人差。你看，你的理解能力很强，如果运用到物理上，肯定能拿好成绩的！不信？那我们看看你下次月考的成绩吧！"那时，我在心中暗想，妈妈这么相信我，我可不能让她失望。结果，月考的时候，我的成绩取得了很大进步，从全班倒数跃进班级前十名。我自己心知肚明，取得这样的成绩是因为考试范围恰好是靠背诵就能拿分的部分。果然，第二次月考的时候，我的成绩又回到了谷底。我想，我真的是不适合学习物理吧。然而，妈妈却责怪我："这次怎么会退步呢？"要知道，"退步"对于学渣的我而言是一个多么奢侈的词。因为这是对我之前的成绩的肯定。也就是说，妈妈并不认为上一次月考的时候，我能取得好成绩是出于侥幸。因此，她才会说我是"退步"，而不是被打回原形。从那以后，我加倍努力学习物理，物理成绩再也没有掉出过班级前十名。

信任孩子这样做

　　试想，如果当初我的妈妈不信任我，也认为我不能把物理学好，或者说我不适合学习物理，我的物理成绩还能提高吗？答案显然是否定的。妈妈的信任给了我努力前进的动力。那么，家长应该如何做到信任自己的孩子呢？

　　戒除焦虑心理　有的家长总会在教育中流露出焦虑感，他们一会儿担心孩子犯错，一会儿担心孩子没能妥善处理人际关系……总之，他们仿佛永远都处于担心、焦虑中。别以为孩子还小，什么都不懂，事实上，孩子非常敏感，他们能够感受到父母的焦虑和不安，知道隐藏在背后的潜台词："我不相信你能处理好。"即使父母告诉他们："爸爸妈妈相信你！"他们也不会相信的。

对待非原则性的错误，家长要学会宽容　所谓相信孩子并不是相信孩子不会犯错，而是相信孩子能够改正。所以，孩子犯错时，不要用破坏性的批评去斥责他们，而要动之以情，晓之以理，帮助孩子改正错误。例如，当孩子撒谎时，家长可以仔细了解事情的真相，然后告诉孩子，除了说谎还有其他方式可以解决这个问题。

无条件地信任孩子　有些家长会对孩子说："如果你做到这件事，我就相信你。"从孩子的角度来看，爸爸妈妈的意思是，他们的信任是有条件的。可是，父母对孩子的信任是不应该有条件的。在孩子看来，如果他们没能完成这件事，爸爸妈妈就不会相信他们了。这种想法的危害在于：一方面，孩子确实会努力完成爸爸妈妈的要求，但是底气不足；另一方面，失败就意味着失去父母的信任，这会给他们带来强烈的心理压力。父母的信任应该是无条件的，是即便毫无根据，但依旧愿意相信的。

如果孩子从小就被父母充分信任，就能够培养出卓越的能力与优秀的品质，内心也会因快乐而丰满。

07　父母要统一教育理念

教育孩子的过程中最怕的就是父母观点不统一。孩子不知道应该听爸爸的话，还是听妈妈的话，势必会陷入混乱，教育效果就会大打折扣。不仅如此，父母教育理念不统一还有损父母的权威。

心理专家这样说：只能同时戴一块手表

心理学上有一个定理被称为"手表定理"，即当你拥有一块手表的时候，你可以确切地知道现在的时间，但是当你同时拥有两块不同步的手表时，就无法判断准确的时间。这个定理告诉我们，在做一件事情的时候，只能遵循一个标准或定理。

这个定理同样适用于孩子的教育。如果爸爸妈妈的教育理念统一，孩子就能够正确理解爸爸妈妈的期望。如果爸爸妈妈的教育理念不统一，孩子心里就会产生困惑。在孩子的心中，父母就是权威，父母发生争吵，互相否定，孩子就会对家长感到失望。如此一来，教育效果就会大打折扣。

严妈妈，慈爸爸

　　晴晴是家里的独女，爸爸对她十分宠爱。但是，妈妈并不认同爸爸的做法。认为爸爸是在溺爱孩子。两人经常围绕如何教育孩子发生争执。以睡觉为例，在妈妈看来，4岁的孩子应该在9点钟之前睡觉，要有稳定健康的作息时间。但是，只要晴晴一撒娇，爸爸就心软，同意晴晴再玩一会儿。每次妈妈要求晴晴上床睡觉时，晴晴就跑到爸爸身旁哭，爸爸怎么舍得看到自己的小宝贝掉眼泪，于是就一边安慰晴晴说："好好好，先不睡觉！"一边指责晴晴的妈妈要求太严苛。长此以往，晴晴慢慢掌握了对付妈妈的方法，每次不愿意听妈妈话的时候，就搬出爸爸来，妈妈的管教就越来越不管用了。

爸爸妈妈同步走

　　显然，在对晴晴的教育上，晴晴的爸爸妈妈没能形成统一意见，最后造成妈妈的管教越来越无效。由此可见，保持教育协调统一对父母来说是一件非常重要的事。那么家长应该怎么做呢？

　　正确处理家庭内部关系　家庭的教育应该是一股合力，而不是各向一方甚至背道而驰的两股力量。家长之间应该经常沟通，交换彼此的意见和看法，统一教育理念，相互配合，进行教育。从根本上说，家长之间的教育分歧都是认识上的差异。当家长的教育意见不统一时，应该在孩子背后进行协商，而不是当着孩子的面争吵，相互否定。

　　通过事例说服对方　单纯地讲道理一般是没有用的。要想说服对方，不妨多加一些生动的案例来增强言论的可靠性。这些案例的来源可以是一些教育方面的书籍，也可以是别人教育孩子的成功案例，甚至可以是身边某个人的经验。熟悉这些有关教育的案例，除了能够帮助说服对方，统一教育意见，还能提升高自己的教育水平，优化教育理念。

平衡好家庭教育与学校教育的关系　家长应该主动与老师进行沟通，了解学校教育的内容与要求，了解孩子在学校的表现及发展情况。当老师家访时，家长更应当积极主动配合，接受老师的意见和指导。

第七章　如何爱，孩子才接受

01　你是否把孩子越推越远

　　父母一直在等孩子道谢，而孩子一直在等父母道歉，最终谁也没等到想要的那句话。这句话乍一听可能无法理解，多年的养育之恩何来道歉一说。仔细想来，却又深以为然。家是孩子的港湾，而这座港湾并不是那么尽善尽美。父母某个不经意的举动就会伤害孩子，而父母却不自知。

心理专家这样说：孩子也很敏感

　　著名教育家蒙特梭利经过长期的观察和研究发现，儿童的心理成长历程中有情感敏感期。敏感期对于孩子未来的成长有着极其关键的影响，在这个时期，孩子对他人，尤其是对父母等亲近之人的言行举止尤为关注。

我是不是你们的小麻烦？

　　小静是个心思细腻、敏感的孩子。一天，她突然染上了水痘，病起时，由于经验不足，父母都未能妥善处理。结果一天后，情况更加严重了。瘙痒和不适感让小静备受折磨，对病情的恐惧也让她背负上了沉重的心理负担。爸爸妈妈火急火燎地送她去医院。未知的恐惧同样折磨着父母。爸爸嘀咕了一句："你这孩子怎么就那么会惹麻烦？"这句话在此后的生活中成了小静的一个心结。即使病愈了，小静也久久未能从父亲这句不经意的牢骚中走出来。小静变得沉默寡言，有什么事情也不再愿意与父母分享，怕给父母惹麻烦。

拉近你与孩子的距离

别让无心之举掩盖了你的爱　小静父母是真的嫌弃小静吗？当然不是。当时，他们的内心也是烦躁的。这样的病变会给孩子带来什么后果？能不能痊愈？是否会有什么后遗症？各种各样的疑问让他们背负着沉重的心理负担。站在一个局外人的角度来讲，小静父亲的一句牢骚只是无心之举，是可以理解的，很可能他说完这句话后，转身就忘了。但是，在孩子眼中不是这样的。小静本身就已经备受疾病和恐惧的折磨了，此时，父母就是她的依靠。父亲这样一句话在她听来是非常刺耳的。于是，她开始陷入对自己的质疑中："我是不是一个累赘？""爸爸妈妈是不是很讨厌我？"这些质疑在刺痛小静的同时，也在伤害着她与父母之间的感情。最终，小静变得更加敏感，遇事不再愿意与父母分享。而父亲可能没有意识到是自己的那句话造成这个后果。这才是亲子关系最悲哀的地方，父母可能永远都不知道自己的那个无心之举将孩子越推越远。

用真诚的语言与孩子交流　别以为孩子的年纪小，父母就可以用任何语言教育他们。虽然他们还没有形成独立稳定的价值观，但是他们有自己的判断力，也有一颗敏感的心。家长不要对孩子撒谎，如果无法做到承诺的事，就直接告诉孩子，并向他们道歉，千万不要小瞧他们的度量。还有一点，别在孩子面前说脏话，你或许觉得他们听不懂，其实不然。如今的信息接收渠道数不胜数，所以千万不要抹黑自己在孩子心中的形象。

用怀抱温暖孩子　年龄尚小的孩子非常喜欢爸爸妈妈贴心的拥抱。孩子在失败时，或者受到委屈时，都需要一个温暖的拥抱。如果在上学前、放学后，父母都能给孩子一个大大的拥抱，自然就能拉近父母与孩子的距离。

02 捉弄孩子不好玩

　　相较于如大染缸一样的社会，孩子就像一张白纸。因此，许多大人都喜欢逗小朋友玩。然而，有的人总是分不清何为逗，何为捉弄，甚至连孩子的父母也会犯这样的错——捉弄孩子。在被捉弄的那一刻，孩子就犹如一个任人摆布的玩具。这样的捉弄会在孩子的心里埋下一颗定时炸弹。

心理专家这样说：你的乐趣很可能建立在孩子的痛苦之上

　　我国著名的教育学家尹建莉在《好妈妈胜过好老师》一书中说：成人可能会觉得有趣，觉得只是逗孩子。认为这样的行为只是让孩子着急一下、哭一下而已，过后再把孩子逗笑就没事了。事实上，站在孩子的角度来说，孩子并不觉得这是有趣的，他们只会从中感到不安以及不受尊重。可能在大人看来，这只不过是一件无关紧要的小事，但是在孩子看来却是一件大事。

　　捉弄孩子并不好玩，这只是成年人仗着年长，利用孩子的天真无邪，故意使孩子受挫、哭泣、害怕。这样的做法给大人带来了欢乐，给孩子带来的却是深深的羞辱和不安。

你捉弄了我，还一笑而过

　　不少人还未能意识到何为捉弄孩子，但是下面这个场景，肯定会让你觉得似曾相识。有一次，我到好友家做客，看到5岁的萍萍泪眼汪汪，便问其缘由。原来就在几分钟前，好友的同事来做客。临走时，同事逗萍萍说："你爸爸妈妈不要你了，说要把你送给我呢！走吧，跟阿姨回家。"说着就作势要带走萍萍。而此时，好友不仅没有解释，反而还随声附和着："是啊，是啊，爸爸妈妈不要你了。"萍萍被吓得大哭，那位同事走后，萍萍还一直惊魂未定。

别来捉弄我的孩子

　　面对这样的情况，我除了愤怒，更多的还是心痛。这样的案例在日常生活中着实不少见。有的人喜欢强迫孩子做他们不喜欢的表演；有的人喜欢吓唬孩子；有的人喜欢哄骗孩子吃一些怪味的东西……他们看到孩子们被吓哭，被怪味刺激后的表现哈哈大笑。但是，有人知道这样的做法颠覆了孩子的人生观吗？

的确，这些捉弄孩子们的大人并没有恶意，他们可能并未意识到自己正在捉弄孩子，甚至他们中很多人是出于对孩子的喜爱。可是问题在于，孩子尚且年幼，对于玩笑没有分辨真假的能力，常常会出现孩子把玩笑话当真的情况。因此，父母要想保护孩子，就一定不要让自己的孩子受捉弄！

父母不能参与捉弄孩子　父母是孩子的第一位老师，孩子面对疑惑时，会倾向于征求父母的意见。换言之，在孩子的内心，父母的话就代表了权威。如果父母也参与到了捉弄的行列中，孩子的心理会受到沉重的冲击。

当其他人有捉弄自己孩子的倾向时，父母应当勇敢地说"不"　父母应当是孩子的避风港湾，所有父母都有责任保护孩子不受伤害，而这种保护应当从拒绝开始。许多人会碍于情面，认为亲朋好友的行为也是出于喜爱，因此不好意思拒绝。但是，请记住：受到大人的捉弄后，孩子的自尊心和自信心都会受挫，孩子会变得多疑，影响往后的社交生活。

如果孩子受到了捉弄，家长应当第一时间站出来并温柔地给孩子一个解释　假设有人对你的孩子说："你的爸爸妈妈有了小弟弟，以后就不要你了。"你应该及时对孩子说："才没有呢！爸爸妈妈是永远爱你的！"孩子感受到父母坚定地站在自己这边时，就会感到受保护，感到自己与父母是一体的。

03 你的孩子不比别人差

不知你是否也有这样的感觉，从小到大，最好的孩子都是别人家的孩子。这个别人家的孩子是每个孩子的阴影。他学习成绩好，乖巧听话，懂礼貌，热爱劳动，还喜欢运动。总之，在爸爸妈妈眼里，这个别人家的孩子永远比自家的孩子好。很多父母都希望以此刺激自己的孩子向好的方向发展，可是事情真的会如父母所愿吗？

心理专家这样说：你的心理偏盲会导致孩子的认知偏差

中国的父母经常会将自己的孩子与别人家的孩子进行比较，并向孩子灌输"你比别人差"的思想，以此督促孩子向别人家的孩子看齐。从某种程度来讲，这是一种社会虚荣心的体现。心理学专家罗学荣指出，家长的这种行为属于"心理偏盲"。

这种对比很容易让孩子产生心理障碍，变得自卑。心理学家凯利在人格认知理论中提出：无论如何，认知才是最重要的。当认知出现偏差时，人就容易出现心理障碍。如果父母长期给孩子灌输"你比别人差"的观点，孩子很容易出现认知偏差，进而导致心理问题的出现。

你总是对我不满意

飞飞是一个非常优秀的孩子，每次开家长会，飞飞总是老师表扬的对象。然而，飞飞的父母似乎对此并不十分满意。他们经常拿飞飞和其他孩子比较。例如，隔壁的丽丽数学比飞飞好；同事的孩子小罗小小年纪就会做菜……总之，在飞飞父母的眼里，飞飞什么都比其他孩子差。久而久之，这个优秀的孩子不仅没能取得进步，反而越来越自卑，到最后甚至产生了厌学情绪。

怎样对待不完美的孩子

平心而论，飞飞真的如他父母所说的那么差吗？或者说，飞飞的父母真的认为飞飞比别人差吗？相反，飞飞父母的内心其实也很认可飞飞，只是他们并不愿意在飞飞面前承认飞飞比别人优秀。而飞飞在这样的教育下，渐渐陷入了误区：在爸爸妈妈心里，我是一个很差的孩子。

金无足赤，人无完人，更何况孩子呢！难道这个世界上真的有完美的孩子吗？难道这个世界上真的存在毫无优点的孩子吗？答案显而易见。父母之所以喜欢这种对比，是因为内心也存在恐惧，怕无法通过自己的力量让孩子向好的方向发展，所以他们想通过借力的方式来督促孩子进步。殊不知，这样的做法往往会适得其反，就像案例中的飞飞一样。这样做并不能让孩子变得更好，反而会让孩子出现更多的问题。那么，正确的做法应该是怎样的呢？

对待孩子的时候，放平心态　每个孩子都有独立人格，他们并不是家长个人梦想或者希望的承载。同时，不同的家庭会有不同的情况，因此孩子与孩子之间并不具备可比性。家长应该对自己的心态进行调整，时时告诉自己：不要将社会、成人的思想强加在孩子的身上，不要在孩子身上强加过高的期望值。教育孩子是与孩子一同成长，而非揠苗助长。

深入了解孩子　立足于自己的家庭，认真研究自己的孩子，而非过多地将注意力放在别人家孩子身上。学会换位思考，尊重孩子的发展规律与人格，深入探究孩子的需求。如果孩子在某些事情上遇到疑惑或者困难，家长应当及时提供支持和帮助。

没有谁生来就是父母，所以，为人父母需要不断学习教育方面的知识，家庭教育和学校、社会教育不同，家长是孩子的榜样，应当主动、积极地为孩子营造良好的家庭氛围。例如，尊重孩子的思想和发言权，放下所谓的父母权威，与孩子做朋友，而不是将亲子关系视为从属关系。只有这样，我们的家庭教育才能走向成功。

04　尊重并不是说说而已

　　谁都渴望被他人尊重，孩子也不例外。但家长们总是很难做到。有些家长嘴里喊着"要尊重孩子"，可实际上他们并没有给孩子充分的尊重。很多家长在日常生活中会忽略孩子的独立人格，进而导致不尊重孩子的情况出现。

心理专家这样说：尊重源于父母

　　马斯洛需求层次理论中，将人类的需求分为生理、安全、社交、尊重、自我实现五大层次。其中，尊重需求指的是每个人都希望自己能够拥有稳定的社会地位，受人尊重。只有尊重需求得到满足，人们才能对自己充满信心，感受到生活的意义和价值，孩子也不例外。教育学家指出，孩子最先感受到的尊重源于父母，他们对他人的尊重也是通过日常生活里的反复训练、教育、强化而养成的。

请尊重我的想法

　　晓雪是一个聪明乖巧的小女孩。她喜欢体育运动，并立志将来要做一名运动员。但晓雪的妈妈并不赞同她的兴趣。在妈妈眼中，小女孩就应该文静一点，学学画画，弹弹钢琴。于是，在妈妈的威逼利诱下，晓雪的课余时间被美术、钢琴等兴趣班填满了。一到周末，晓雪就开始闹脾气，妈妈为此还狠狠地骂了她一顿。然而，晓雪的美术和钢琴水平却迟迟得不到提升，反而影响了学习成绩。晓雪的脾气也开始变得暴躁。本来温馨的家庭充斥着吵架声。妈妈抱怨女儿变了，一点也不懂得尊重父母，却始终没意识到自己的问题。好在晓雪的老师了解到晓雪的情况后，多次找晓雪妈妈聊天，终于说服她尊重晓雪的兴趣爱好。这个小家庭也终于慢慢回归平静。

把尊重付诸实际

从以上案例中，我们可以看到许多亲子关系中存在的共同问题——不尊重。许多家长习惯将自己的意愿强加在孩子身上，而忽视了孩子自身的意愿。这就是家长对孩子的一种不尊重。要知道，尊重是相互的。如果一个孩子没能感受到被尊重，又如何能真正学会尊重他人呢？那么，家长在日常生活中，应该如何做到尊重孩子，而不仅仅是说说而已呢？

先审视自己　父母真的了解自己的孩子吗？知道孩子真正的兴趣爱好吗？知道孩子内心真实的想法吗？了解孩子的优缺点吗？还是说，只是一味想当然，强行将自己的想法和兴趣爱好放在孩子身上呢？

尊重孩子的发展规律　有太多家长急切地希望自己的孩子能够一口吃成一个胖子。于是，揠苗助长的事情时有发生。事实上，揠苗助长并不能让孩子成长得更快，反而会影响孩子的正常发育。到最后，家长的预期落空了，孩子的信心也受到了打击。

适当给予孩子自由　如果家长习惯包办一切，习惯管理自己的孩子。孩子的独立人格就受到极大的限制，原本应当亲密无间的亲子关系反倒像是从属关系。如果真的想尊重孩子，不如适当放手让孩子自己去尝试，将教育方式从管教为主转化为引导为主。让孩子自主进行决策和探索，这样的成长才有意义。

尊重孩子，说起来容易，做起来难。但是只要家长用心地学习如何与孩子相处，如何尊重孩子，并努力实践，孩子就能感受到充分的尊重。

05　别让父母的爱成为孩子的负担

许多人都持有这样的观念：孩子是父母生命的延伸。因此，许多家长在教育孩子的时候，会将自己的梦想寄托在孩子的身上。但是父母要明白，你的梦想是你自己的，不是孩子的。让孩子去实现你的梦，是一种自私，而不是一种爱。

心理专家这样说：孩子不是你的替身

在心理学上，有个名词叫代偿机制，其意为：在生活中，人们对某种东西求而不得的时候，往往会选择放弃，然后重新选择一个有能力追求该东西的替身来代替自己追求。这种代偿机制其实是一种心理防御机制，它通过替身追求的方式，帮助人们缓解乃至消除自己求而不得的痛苦，从而获得自身心理及生理的短暂平衡。因而，人们往往会将替身圈定为自己的孩子。

我有我的路要走

我的父亲是一名普通工人。在他眼里，成为一名人民教师是他遥不可及的梦。因此，在我填报大学志愿时，他多次干涉，希望我能填报师范类院校或专业。当然，我有自己的想法和梦想，最终没有填报父亲所希望的院校和专业。我上大学时，父亲无数次催促我考取教师资格证，美其名曰：给自己留一条后路。实际上，这不过是一种退而求其次的想法。他希望有一天，如果我不那么坚持了，可以选择他帮我安排好的路。

几年来，每次聊家常，他还是会说一些"成为一名教师多么光荣"之类的话。可是，那并不是我的梦想啊！于是，在某段时间里，我们就处于一种"无法说服彼此"的尴尬状态中。

不给孩子铺路，只做引路人

这样的场景在日常生活中并不少见，有的孩子可能会顶不住压力，服从了家长的安排。这时候家长可能会沾沾自喜，认为自己终于说服了孩子，或者认为自己给孩子安排了一条正确的路。

但是，孩子是怎么想的呢？从我的角度来讲，父亲的念叨给了我很大的压力。有时候，我也会想：要不就听了父亲的话，不抵抗，做一名人民教师。但是如果那个实现了的梦想不是我的梦想，当那些事情不是我所感兴趣的事情时，我不会有求得的欢喜。被迫去实现父母梦想的孩子都不会快乐。要想孩子健康快乐地成长，并能实现他们的梦想，父母该怎么做呢？

了解孩子的兴趣爱好 孩子的好奇心往往指明了他的兴趣爱好。多让孩子接触各种不同的项目，如果孩子对某一个项目特别专注，或者持续的时间特别长，表现特别好，这个项目很有可能就是孩子的兴趣所在。这时，父母就要多给孩子提供机会去接触。

呵护孩子的梦想　梦想有无穷的魅力，能够激励孩子不断成长。父母应该做的是呵护孩子的梦。这些梦想在成人眼中或许十分稚嫩，但它往往是孩子内驱力的源泉。孩子在成长过程中，会不断修正自己的梦想，但这样的修正应当基于孩子的成长和自我发现，而不是因为成人的讥讽。

帮助孩子追逐梦想　孩子有了梦想，我们应及时予以肯定和支持。只有这样，孩子才能从家长身上获得力量和勇气。家长比孩子有经验，有阅历，应该运用这些经验和阅历引导、帮助孩子追梦（注意，这时的家长应当是引导者的身份，切忌反客为主）。例如，家长可以为孩子提供梦想的偶像，与孩子分享这位偶像的故事，让偶像的力量引导孩子前进。当孩子对自己是否能够实现梦想有所怀疑时，家长应及时予以鼓励。

O6 棍棒底下真的能出孝子吗

持"棍棒之下出孝子""不打不成器"等观点的人都倾向于体罚这种传统的教育方式。不少家长年少时就遭受了体罚，认为这样的教育方式是正确的，所以坚决贯彻这样的教育理念，让自己的孩子成了新一代的体罚牺牲品。但是，传统的教育方式就是正确的教育方式吗？

心理专家这样说：体罚危害大

现代心理学认为，严厉的体罚对孩子的自我价值观的形成有非常深远的影响。一旦父母体罚孩子，整个家庭就会陷入一片阴霾，给孩子带来永久性的损害。体罚当时会有立竿见影的效果，但是给孩子的未来以及与父母的亲密关系所带来的危害是极其严重的。

你打我，我就躲

李女士最近十分忧愁，因为她的孩子经常往网吧跑，怎么打骂都没用。当李女士发现孩子沉迷网络时，她直接将家里的电脑锁起来，并把孩子揍了一顿。孩子挨完揍以后，确实安分了几天。可是，没多久，就开始背着妈妈去网吧上网。李女士发现后又一次对孩子实施了体罚。后来，这样的恶性循环一直在进行，结果，孩子干脆躲到网吧里，不肯回家。

用技巧代替棍棒

如果体罚有用的话，李女士的孩子怎么会干脆躲在网吧不肯回家呢？事实上，除了棍棒，教育孩子还有许多技巧和方法，并且这些方法远比打骂孩子来得更有效，家长们不妨学一学吧！

不要翻旧账　孩子犯错时，父母应该立足现实，坚持就事论事的原则。有的家长批评孩子时总是翻旧账，这很容易引起孩子的反感。不要让本次批评的主题偏离原本的航道，否则这次的批评就起不到该有的效果。

允许孩子说话　我们见到过很多批评孩子的场景：父母唠唠叨叨说个不停，孩子在一边只能垂头丧气地听着，即使父母说得不全对，孩子也无反驳的机会。这样的批评无法深入孩子心里，反而使孩子内心筑起一道墙，把自己与父母隔离开来。与其这样，不如就从孩子犯错的事情入手，让孩子对自己的错误进行反思，解剖自己的想法。只有真正了解了孩子的想法以后，父母才能对症下药，从根本上解决问题。

给孩子自我反省的时间　发现孩子犯错时，父母应该给孩子保留适当的自省时间。人非圣贤，孰能无过。家长适当保持沉默或者用眼神警告孩子，营造一个紧张的氛围。这时候，孩子就会对自己的行为进行反思，进而发现错误，改正错误。例如，当有客人来访，孩子还在自顾自地玩游戏。此时，碍于外人在场，父母可以通过用眼神警告孩子赶紧停下来。在这一紧张氛围下，孩子会很快察觉到父母的无声指责，然后开始对自己的行为进行反思，并改正错误。

07　恐惧是一种正常的心理

提起孩子的优秀品质时，胆大往往位列其中。因此，父母都会担心自己的孩子是个胆小鬼，所以在很多时候，面对孩子的恐惧，父母不仅不安抚，还会责怪、批评。可是，事实真的如此吗？有恐惧感真的很丢人吗？

心理专家这样说：感到恐惧很正常

在人类社会化进程中，恐惧是相对较早出现的一种情绪。著名的心理学家斯波克说：每个孩子都怀有恐惧心理。因为这个世界对于他们来说其实有很多陌生的事物。恐惧的体验和情感源于孩子的本能。因为有各种各样的未知存在，所以孩子感到恐惧是正常的。

胆小鬼

曾经有位家长咨询过这样一个问题：他的孩子3岁了，十分胆小。有时候突然出现的一只昆虫就会把她吓得哇哇大哭，甚至大人不小心碰撞而发出较大声响时，孩子就会吓一跳。这位家长对孩子胆小的表现非常担忧，生怕孩子长大后还是会胆小。

帮孩子驱散恐惧的阴霾

我们仔细分析一下这位家长的情况。以害怕昆虫为例，孩子看到昆虫的时候，产生恐惧感是很正常的。因为对于孩子来说，昆虫是陌生的、未知的，代表着危险。反而是家长的反应和态度不那么正常。当孩子出现恐惧时，家长应该这样做。

不要对孩子的恐惧进行否定　孩子天生就和恐惧有着难解之缘。家长的耻笑和否定都会让孩子感到孤独和无助。因为，他们只能感受到恐惧，而不知道恐惧的来源。这个时候，他们不需要父母的谆谆教诲，而是希望父母能够及时给他们安抚，告诉他们："不要怕，有爸爸妈妈在"。孩子感受到了来自父母的情感支持，就会衍生出战胜恐惧的力量。

成为孩子的榜样　父母的表现在很大程度上会影响孩子的情绪体验。如果父母勇敢，孩子就会受到感染，从而慢慢克服恐惧。孩子第一次见到小猫的时候，如果父母在他们面前表现出恐慌，那么孩子也会感到紧张、害怕。相反的，如果父母能够带他们主动接触小猫，他们的紧张感就会在很大程度上得到缓解。

不要吓唬孩子　孩子的想象往往是加剧恐惧感的一把火。在日常生活中，家长应该尽量规避那些容易引发孩子关于恐怖事物想象的内容。许多家长喜欢用"怪兽吃人""警察叔叔来抓人了"等语言对孩子进行恐吓，而这样的做法很容易导致孩子在想象中放大自己的恐惧。

鼓励孩子表达恐惧　有些时候，孩子出于种种原因不愿意向他人表达自己的恐惧。这时，父母应该及时从孩子的细节表现，例如微微发抖、攥紧拳头等动作发现孩子的恐惧，并引导孩子表达出来。父母应从行动上告诉孩子，他们的恐惧是正常的，并不可耻。

给出合理解释　孩子的恐惧来自于未知，因为未知的东西往往意味着危险。例如，孩子可能会对雷声感到害怕，这时候，爸爸妈妈不妨给孩子讲讲雷声产生的原理。当孩子慢慢了解了这些事物，恐惧感也就会逐渐消失。

每个人都会拥有恐惧的心理，大人也不例外，我们又怎么能够苛求孩子毫无畏惧呢？

08 如何构建和谐的亲子关系

在很多家庭里，和谐的亲子关系往往只存在于孩子诞生后到学龄前这段时间。因为在这段时间里，孩子不受学习压力的困扰。当孩子上学以后，许多问题就会陆续暴露出来，亲子关系也随之出现动荡。

心理专家这样说：亲子关系影响孩子人格的形成

20世纪50年代初，著名的心理学家鲍尔贝通过调查分析非洲孩子在正常家庭环境下的成长情况后总结得出：儿童的心理健康往往建立在和谐稳定的亲子关系的基础上。日本学者诧摩武俊也提出了类似的观点。无论你是哪一流派的支持者，你都不得不承认，在孩子成长过程中，亲子关系会极大地影响他们人格的形成。

什么都不想说

静静的妈妈向我抱怨说，自己与孩子的关系实在是太差了。据说，静静现在整天把"说了你也不知道""不想跟你说话"之类的话挂在嘴边。我仔细了解了静静一家的相处方式之后，发现问题不仅仅出在静静一个人身上。举个例子，有一次静静和同学吵架，老师向家长反馈了这一情况。静静的父母得知后，完全不听静静解释，也不问缘由，直接将静静教训了一通。教训完以后，他们才想起来问静静到底为什么和别人闹不和。静静是个牛脾气，被教训后无论怎样都不跟爸爸妈妈解释原因。爸爸妈妈恼怒之下，又把静静骂了一顿。后来，爸爸妈妈慢慢发现，静静什么事都不愿跟他们讲，每次交流都带着浓重的火药味，家庭关系也日益紧张起来。

构建和谐的亲子关系

从案例中，我们不难看出，其实最开始造成不和谐因素的是静静的爸爸妈妈。他们不问缘由的行为激起了静静的逆反心理，面对蛮横的父母，静静选择了以其人之道还治其人之身，拒绝与父母进行沟通。如此一来，亲子关系就陷入了剑拔弩张的境地。事实上，这样的情况在日常生活中并不少见。许多家长渴望拥有和谐的亲子关系，却并不懂得如何构建。那么，不妨试试这样做。

经常微笑 微笑往往代表着愉悦、友好、关心、信任等。通过微笑，我们能够自然地流露出内心的情感。在家庭关系中，微笑尤为重要。在氛围愉悦的和谐家庭里，我们经常可以看到家长、孩子脸上挂着微笑。当孩子遭遇挫折、考试退步或偶尔犯错时，父母的微笑就是春日的阳光，能够给孩子的心灵带来温暖，能让孩子回归平静，放下压力。

建立良好的沟通 和谐的亲子关系是不能脱离沟通而存在的。而良好的沟通，首先要求家长养成幽默、和悦的语言习惯。如果家长采用比较粗暴、严苛的语言对孩子进行教育，不仅教育效果会大打折扣，还会给孩子的心理健康带来极大的损害。相反的，家长如果能够和颜悦色地与孩子进行交流，多说类似"这次你的努力没白费，下次要继续加油"的鼓励的话，孩子也会养成良好的语言习惯。沟通习惯良好的家庭，亲子关系也会很和谐。

规避情感敲诈　所谓情感敲诈，就是父母为了让孩子配合自己，选择连哄带骗的方式进行诱导。这种诱导欺骗了孩子的感情。在孩子幼年时期，如果他们发现自己通过哭闹、绝食等方法能够迫使父母答应他们的要求的话，就会一直选择用这样的方式进行要挟。如果家长并未意识到问题所在，一味妥协，就会导致孩子变本加厉。随着年龄的增长，孩子可能不再选择以哭闹的方式要挟父母，但在潜意识中，他们还是会故伎重施，只是换了一种表现形式，例如故意考砸等。长此以往，亲子关系如何能够和谐呢？所以，在孩子幼年时期，家长切忌通过情感敲诈的方式安抚孩子，应该就事论事，对孩子进行引导。

每个人都渴望拥有和谐的家庭亲子关系，而通向和谐家庭的钥匙就紧紧握在各位家长的手中。

第八章　如何听，孩子才会说；如何说，孩子才会听

01　打断别人说话很令人讨厌

　　每个人都不喜欢说话时被打断，但是，有些父母在和孩子沟通的过程中常常会忽略这一点，甚至会忽略孩子的独立人格。家长们可能都没意识到自己的行为令孩子感到讨厌。

心理专家这样说：话题被打断，很受伤

　　从孩子的角度看到的世界和从大人的角度看到的世界是不同的。孩子的好奇心普遍较重，会觉得生活中的许多事情都十分有趣。因此，他们会经常拉着爸爸妈妈叽叽喳喳说个不停，但不少家长对此并不感兴趣，不会耐心听完，他们会选择直截了当地打断孩子的话。话题被打断后，孩子会感到不被尊重、不被信任、无人理解，会觉得委屈难过，有些孩子甚至会产生报复心理，故意和大人抬杠。

你说，我听

　　刚刚的妈妈发现这两天刚刚变得跟以前不一样了，原来叽叽喳喳的小麻雀突然变得十分安静。刚刚妈妈左思右想，终于想到刚刚发生变化的原因。原来，几天前，刚刚兴冲冲地想跟妈妈分享自己做的一个梦，那时候刚刚妈妈手头有工作，就直接打断了刚刚的话："好了好了，只是一个梦而已，不要说了！"刚刚听到这句话，犹如被当头浇了一盆冷水。他对妈妈的表现很失望，从那以后就变得不爱说话了。刚刚妈妈意识到自己的行为给刚刚带来了伤害，于是特地煮了刚刚喜欢吃的甜品，向刚刚道歉。同时，妈妈还主动问起那个梦的内容。这样，刚刚的表达欲望又被调动了起来，兴奋地继续给妈妈讲那个奇特的梦。

尊重孩子的表达欲望

幸好刚刚的妈妈发现了自己的错误并及时道歉，还主动追问那个梦的内容。否则，刚刚很可能变得沉默寡言，语言表达能力也会变弱。事实上，家长没有耐心倾听孩子的话，很容易给孩子带来消极的影响。孩子在意识到家长对他们的话不感兴趣甚至不耐烦时，就会选择将这些话埋在心里，如此一来，家长又如何知道孩子的想法呢？并且，当孩子的发言权被剥夺时，就会对家长产生逆反心理，进而导致亲子关系陷入紧张。此外，孩子说话被打断后，可能会产生自卑情绪，语言表达能力的发展也会受阻。在日常生活中，家长应该这样做。

激励孩子说出来　孩子再小也有说话的权利，特别是当他有表达欲望的时候，家长应该给他们表达的机会，千万不能随便对孩子说出"闭嘴""住口"等字眼，这一类的禁令会让孩子觉得自己的话根本不受父母重视，说了父母也不会听。久而久之，孩子就会变得沉默，不喜欢与家长沟通，进而弱化了孩子的自我表达能力。自我表达能力受限，对孩子的未来和人生都有着极其不利的影响。因此，家长应该多鼓励孩子说出来，为他们创造更多发表看法的机会。就算孩子倾向于选择沉默，家长也应该鼓励他们说出来。因为很多时候，小朋友们并没有意识和胆量为自己辩解。所以鼓励孩子说出内心的感受，可以促进孩子思考，进而提升他们的自我意识与表达能力。

让孩子把话说完　孩子的心智远不及成年人，所以他们说的话可能会错漏百出，即使这样，我们也不应该打断孩子说话。在孩子愿意与父母交流的时候，即使父母对孩子的话不认同，也要按捺住自己的情绪，认真倾听孩子的话。等到孩子把话都说完了，父母再一点点解析给孩子听，帮助孩子认识到自己话里的矛盾和不合理之处。千万不要在听到孩子所说的内容有错时，直接粗暴地打断孩子的话。或许父母是迫切希望指正孩子，但孩子往往会认为是大人不想听他说话，进而变得不再喜欢与父母交流。推己及人，既然我们不喜欢别人随意打断自己说话，那么我们也不要去打断孩子说话。

02 让孩子自己掌握决定大权

在亲子教育中，父母会遇到各种各样令人头疼的问题。其中最常见的莫过于孩子喜欢跟父母抬杠。父母说一，孩子非要说二。父母让他们干什么，他们偏偏要反其道而行。其实，在和孩子沟通的时候，父母也应当讲究技巧和规则。要想达到教育目的，不如试试让孩子自己掌握决定大权！

心理专家这样说：孩子也有决定权

心理学研究显示，如果家长总是替孩子做决定，不让孩子自己掌握决定大权，孩子就会丧失判断能力，出现优柔寡断，难以独立抉择的情况，还会导致其责任感的缺失。在孩子开始懂事时（即5~7岁），他们就已经开始期待着能够行使自己的决定大权。如果这时，父母能够适当放手，给他们决定的权利，那么，他们的独立能力会得到很大的提高，也能更加享受成长的乐趣。

不要总是替我做决定

这天，哲哲和奶奶大吵了一架。爸爸妈妈仔细询问之后知道了事

情的经过：下午放学后，哲哲邀请了好朋友煦煦来家里玩积木，可是奶奶却对哲哲多番干涉。奶奶对哲哲说："哎呀，你不要玩积木，乖乖看电视多好！玩积木把家里搞得多乱呀！"说着就自顾自地将积木收了起来。哲哲不同意奶奶的做法，正想和奶奶争抢，谁知奶奶却说："怎么这么不听话！还带着同学把家里弄得乱糟糟的！"煦煦听了十分难为情，只好提前回家了。见到小伙伴离开，哲哲气得不行，他一把抢过积木扔到地上，然后对奶奶说道："这里是我家，我凭什么不能决定自己玩什么？"

是引导，不是包办

哲哲的话实在引人深思。孩子渐渐长大，凭什么要被大人剥夺决定的权利呢？如果长期不让孩子自主决定，家长完全替孩子包办所有的事情，那样会导致孩子在今后的生活中一遇到困难就希望借他人之手，而不是依靠自己的力量去解决。如果依赖的那个人没办法施以援手，孩子很容易陷入进退两难的境地。可见，父母在这段时间，一定要学会和孩子好好沟通，尽量放手让孩子做一些力所能及的决定，而不是包办孩子的全部事情。考虑到孩子心智还不成熟，在帮助孩子掌握决定权的时候，家长们不妨这样做。

提出两个可行的方案让孩子选择　当决策时刻到来时，家长和孩子的选择往往有所不同。这个时候，家长不妨将自己可以接受的两个方案告诉孩子，让孩子在两者间做出最后的选择。如此一来，既让孩子拥有了一定的决定权，又能够保证事态发展在家长可接受的范围内。当然这样的做法往往只适用于年纪比较小的孩子，因为他们的独立、自我意识才刚觉醒。

多给孩子抛出一些开放性的问题　面对比较大的孩子时，父母应该用更平等的态度与之交流。在和孩子就某事进行商议的时候，家长应当用一些开放式的问题来对孩子进行引导。比如问问孩子是怎么想的，有什么打算，以此获取孩子内心最真实的想法。然后综合实际情况，给他们提一些合理化的建议。至于最后的决定权，如果是孩子能够自主决定的，就交予孩子处理。

即便孩子的决定不对，也要耐心解释　给孩子决定权，并不意味着孩子的一切都由自己做主。孩子的价值观还未完全形成，做出的决定可能只是一时兴起，根本没有考虑到后果。如果确定孩子的决定完全不正确，要告诉孩子为什么不正确，而不是简单的一句"不行"就草率地打发孩子。比如孩子总是喜欢吃路边小吃，不愿意按照家里的一日三餐跟爸爸妈妈一起在桌子上吃饭。这时候，家长就要耐心地告诉孩子总是吃路边小吃不利于身体健康。有些孩子爱吃的食物，爸爸妈妈也可以在家做出少油少盐少添加剂的健康版本。

O3　通过肢体语言与孩子沟通

相较于口头表达，肢体语言往往能够传达更多的消息。所以，在亲子教育中，家长应当善于运用肢体语言向孩子传达自己想要表达的内容。与此同时，家长也要学会解读孩子的肢体语言。总之，家长在和孩子交流的时候，绝对不能忽略肢体语言的作用。

心理专家这样说：肢体语言很重要

人们不仅可以通过口头表达来传达思想，表达感情，还可以通过肢体语言进行传达。所谓肢体语言，就是人体的各种姿势、四肢动作、表情等。据心理学研究，人类的沟通更多的是靠肢体语言进行，而非口头表达。已知更精准的数据是，有超过65%的人际沟通是经由肢体语言进行的。

解读孩子的"内心戏"

有位家长向我分享了她对孩子的肢体语言的解读。她说，平时她都是通过眼神来判断自己孩子的情况的。例如，孩子的眼珠发亮代表他的思维比较活跃；眼睛放光则代表兴奋，可能是解决了某一难题；

眼睛微湿，代表情绪激动；眼睛无光，代表他还处于思考中，尚未能突破……通过孩子的肢体语言，这位家长非常轻松地捕捉了孩子的状态。在孩子走神的时候，她会悄悄提醒孩子："打起精神来，要认真哦！"在孩子眼神放光时，她会问孩子发生了什么开心的事情，来分享孩子的喜悦。和谐的亲子关系就这样建立起来了。

读懂孩子的肢体语言

这位家长的做法值得我们每一个人学习。在与孩子交往的过程中，她认真观察了孩子的肢体语言，并总结出了孩子肢体语言的特点。当然，不同的孩子，肢体语言也略有差别。有些聪明的孩子可能还会掩饰自己的表情，所以，单纯通过面部表情来解读孩子并不那么准确。通常，家长可以通过孩子的脚部动作来进行判断。例如，如果孩子在跟你说话的时候，双脚并没有正对着你，而是朝向其他方向，则代表他们希望与你的对话尽快结束。如果他们的脚踝突然交叉，则代表他们突然感到紧张。如果在坐着的状态下，孩子身体往后靠，并翘起脚，则代表孩子此时充满自信，喜欢当前的聊天状态。类似的肢体语言的解读还有许多，需要父母细心观察和总结。孩子虽然小，但是有着敏锐的第六感，从爸爸妈妈的表情和动作里，他们可以是读懂家长的态度的。如果家长看到孩子跌倒时表情慌张，孩子就会比较依赖父母，可能还会放声大哭。所以，在与孩子沟通的时候，家长应当注意避免让肢体语言泄露心思，导致教育效果偏离目的。在教育孩子的过程中，家长们不单单要学会读懂孩子的肢体语言，还要学会运用肢体语言来和孩子进行沟通。

注意自己的表情　　表情是感染力的肢体语言，表情能够传达出人们的喜怒哀乐。从心理学的角度来讲，父母的表情会给孩子的心理留下一定的无声效应。例如父母微笑的时候，孩子就会感到开心；父母兴奋的时候，孩子的情绪也得到极大的调动；父母生气的时候，孩子就会感到害怕和担忧。因此，在与孩子相处的时候，父母应当注意控制自己的表情，以免在无意中给孩子带来伤害。

通过肢体语言表达想法和情感　　在现代家庭教育里，亲子间的肢体接触是十分重要的。研究表明，越小的孩子，受到肢体接触的影响越大。在孩子感到害怕的时候，家长可以将孩子揽入怀中，轻抚背部，给他安慰；当孩子取得一定成绩的时候，家长可以拍拍他的肩膀，与他击掌，以此表达对他的肯定和为他高兴的情绪。

巧妙利用姿势反射规律　　姿势反射规律指的是两个关系紧密的人在沟通时，动作和姿势相互影响，旁观者会看到两个人似乎在做同样的动作。从这个规律延伸出来，如果我们能在和孩子沟通的时候，做出与孩子一样的动作，那么孩子就会越来越喜欢我们，对我们产生亲密感。

肢体语言十分奇妙，需要每位家长认真摸索。如果能够熟练运用肢体语言，相信父母很快就能真正走近孩子的心。

04　听懂孩子的弦外之音

你真的听懂孩子的话了吗？不少家长认为自己已经听懂了，但是在和孩子真实的想法进行对比的时候，结果往往又大相径庭。因此，许多有经验的家长和老师共同总结了一个真理：真正的好家长是能听懂孩子话的家长。别看这句话说起来简单，但是要做起来却是难上加难。

心理专家这样说：孩子的话里也有话

在情感上，孩子的敏感度不比成人低。只不过，他们的这些敏感往往只针对自己周边的环境及亲近的人，如父母、老师、朋友等。孩子都离不开家长，希望能够得到家长的庇护。他们渴望永远生活在温馨安全的家庭氛围中，所以他们会从家长的言行里解读自己的地位和分量，确认来自父母的关爱。在他们对父母的表现感到不满时，不一定会直接说出来，而是会用话里有话的方式表达出来。

你读懂我的意思了吗？

琳琳已经到了上幼儿园的年纪了。一天，琳琳的妈妈送琳琳去幼儿园。到了幼儿园，琳琳叽叽喳喳问个不停，一会指着桌上的纸花问："妈妈，这是谁做的呀？"一会又看着玩具屋里损坏的玩具问："妈妈，那个玩具为什么坏了呀？"妈妈一直观察着幼儿园环境，无暇理会琳琳的提问，应付式地对她说："这些都不关你的事，不要总是问这问那的！"琳琳听了，不由得嘟起嘴来。在一旁的老师发现了琳琳的异常，便耐心问道："小朋友，你是不是也想要折纸花呢？"琳琳迟疑地点了点头，老师又说道："在幼儿园里，老师会教小朋友们折纸花，你也可以学会折漂亮的纸花哦！当然，有的时候一些小朋友会不小心弄坏玩具，但是他们不是故意的，他们都是一群爱护玩具的好孩子呢！"听了老师的话，琳琳这才重新展现了笑脸。

解读孩子的弦外之音

　　从这个案例中，我们可以看出，幼儿园的老师远比琳琳的妈妈有经验，她从琳琳的提问中解读出了琳琳对幼儿园这个陌生环境的好奇与不安，于是她耐心地给琳琳做出了解释。显然，琳琳对老师的回答是满意的。琳琳的妈妈没能从孩子的话里解读出孩子的心理，甚至无意间选择忽略孩子的话。这样的做法实在不可取。家长应该如何解读孩子的弦外之音？

放下固有的成见与判断　家长要认真体会孩子的想法和感受，进而理解孩子。孩子面临烦恼或挫折的时候，家长不应该急着帮他们分析和决定，而应该站在孩子的角度去思考问题，体会孩子的感受，进而了解问题产生的根源。

了解孩子的需求，说出我们的理解　问题出现后，家长可以通过疑问和祈使的语气来对小朋友进行反馈。像案例中那样，老师听到琳琳的提问后，明白了琳琳可能很想学习折纸花，便试探性地询问了她的想法。得到肯定的答复后，老师又告诉琳琳："在幼儿园里，老师会教小朋友们折纸花。"孩子的需求得到了满足，自然就变得很开心。

在孩子讲话的时候，家长切忌走神或者心不在焉　家长与孩子最好的对话状态应该是注视孩子，面带微笑，表情能够随着孩子所说的内容而变化，并时不时点点头给予肯定。因为这样，孩子会觉得家长确实在认真地听他讲话。

05 如何引导孩子说出来

在和孩子交流的过程中，孩子很难直接将自己内心的想法说出来，这时候父母应该扮演引导者的角色。孩子说得越多，父母就越能够具体、直接地给予关爱与帮助。很多父母都觉得与孩子沟通起来太困难，这是因为父母没能正确引导孩子把内心的想法说出来。

心理专家这样说：语言能力要从小培养

在孩子的心理发展过程中，言语有着非常重要的作用。言语是人们心理成长过程中最难学习的符号。如果一个人的语言表达能力在小时候未能得到良好的发展，可能会对其往后的生活产生深远的影响。心理学家表示，年幼的孩子很难理解隐藏在行为之后的动机，他们对别人的解读往往只是基于情绪的评判，很难理解别人心里的真实想法。如果家长有话不直说，很可能导致孩子也变得不善表达。所以，家长在教育孩子的时候，应该引导孩子说出来，以提高孩子的表达能力。

不要对我有所隐瞒

涵涵的妈妈有段时间生了一场大病，在医院里住了一个月。家里人顾虑着涵涵还小，便没有跟涵涵说实情，只是告诉他，妈妈出了趟远门，没法陪他。那段时间里，由于工作、照顾病人等较多事情，家里人除了每天照顾涵涵的起居外，很少关注涵涵的内心需求。直到一个月后，涵涵妈妈出院回到家中，本来整天叨念着妈妈去哪儿了的涵涵竟然连续好几天都不理妈妈。在妈妈的耐心询问下，涵涵才开口说道："我讨厌妈妈！妈妈不见了这么久！我都以为你不要我了！我讨厌你！"涵涵妈妈听了，心痛不已，她认真地向涵涵解释自己是生病住院了，并不是不要涵涵了。这时候，涵涵才慢慢地抱住妈妈，说道："妈妈，我好想你！那你病好了吗？累不累？痛不痛？"

如何引导孩子说出来

父母不要认为孩子的年纪小，什么都不懂，所以很多事情都不告诉孩子。事实上，孩子的内心感受可能比大人们更加丰富，只是由于语言能力欠缺，他们很难将内心想法表达出来。在涵涵的案例中，我们可以看出，涵涵是个乖巧、懂得心疼妈妈的孩子。但是，妈妈消失了一个月却没有人给他一个合理的解释，让他误以为妈妈不要他了。可以想象，如果涵涵妈妈没有及时对涵涵进行引导，涵涵的心里将永远压着这么一块石头。父母是孩子最亲近的人，如果连父母都无法走进孩子的内心，引导他们说出自己的感受，那孩子该多么可怜。

多向孩子提一些相对简单的问题　想让孩子把话说出来，最直接的方法莫过于提问。孩子不愿主动说的情况下，父母可以多提问。不过这些提问应当以简单的问题为主。只有孩子能够回答，他们才会愿意与父母继续沟通。如果父母提出一些他们根本无法回答的问题，他们可能会变得更加沉默。

努力营造轻松愉快的沟通环境 如果孩子不愿意回答父母提出的问题，父母可以考虑通过情景演绎来引导孩子表达。大多数情况下，孩子不愿意表达是因为对外界有戒备。这时候，越逼孩子说，孩子就会越封闭自己。如果想要让孩子说出内心的真实想法，就要创造一个轻松的聊天氛围，减少聊天的目的性。

多和孩子聊他们喜欢的话题 很多时候，不是孩子不喜欢说话，而是他们不喜欢谈论一些自己不喜欢的话题罢了。所以，爸爸妈妈不妨跟孩子聊一些他们喜欢的话题，刺激孩子开口说话。孩子喜欢上表达以后，亲子交流就会更加顺畅。

06　说谎往往暴露孩子内心的想法

　　在孩子的成长过程中，或多或少都存在说谎的现象。孩子说谎的原因多种多样，有的是为了躲避责骂，有的是虚荣心作祟，有的是善意的谎言。不同年龄阶段的孩子，说谎动机的侧重也有所不同。孩子说谎暴露出来的往往是他们内心的一些想法。

心理专家这样说：谎言也有类别之分

　　孩子说谎可以分为有意与无意两种。无意说谎指的是孩子在自己丰富想象的引导下，对某些事情产生幻想，导致分不清幻想与现实，过分夸大了这些事。这个时期的孩子的记忆并不准确，很容易将时间、空间等抽象的概念弄混，所以可能在无意间说了谎话。而有意说谎指的是，因为各种外界、成人的因素导致孩子故意说谎来逃避事实。从心理学角度来分析，人的本性都是不想说谎的，因为说谎会使心理产生压迫感，并会导致血压等方面的变化。

说谎的后果只有挨揍吗？

　　有一天，邻居家的孩子明明放学后回家较晚，他告诉妈妈是因为老师拖堂才导致晚回家的。而当天恰好被爸爸撞见他早早放学，与同学在路边玩耍。明明的爸爸妈妈对于明明说谎的行为十分生气，便狠狠地把他揍了一顿。谁知道，这一顿揍并没能让明明长记性，在往后的日子里，明明还是继续用说谎的方式躲避爸爸妈妈的责备。

理性面对孩子的谎言

　　家长在面对孩子的说谎行为时，会感到十分头疼。那么，面对说谎的孩子，身为父母，我们应该怎么办呢？

　　假设已经知道孩子在说谎，就要放弃一再追问　许多父母在面对说谎的孩子时，都会一再追问，希望孩子最终能说实话。但现实中，如果父母一再追问只会让孩子继续说谎，甚至用另一个谎言来弥补前一个谎言。谎话越说越多，孩子的压力和不安就会越来越深重，父母也会越发恼怒。与其如此，还不如先跟孩子说说父母的要求和期望，等到事后，再平心静气地与孩子交流。

　　如果孩子已经说谎成性　在跟孩子交流之前，不妨开门见山地告诉他："我知道你肯定还不想跟我说实话。不过，我希望你能给我一个合理的解释，你再仔细想想吧！"很多时候，那些说谎成性的孩子在说话之前并没有考虑充分，而是习惯性地一张嘴就说谎。父母如果能在一开始就表明自己知道他们可能会做出的选择，并给他们充足的时间进行考虑，孩子就有了一定的思考空间，去想应该说实话还是说谎话。如此一来，父母与孩子之间就不至于迅速爆发激烈的争执。而且，当父母已经有了一定的心理准备，知道孩子可能还会说谎，就不至于太过烦闷。

让孩子体验被欺骗的感觉 父母也可以试着以其人之道还治其人之身，试试对孩子说谎，让他们尝尝被欺骗的感觉。例如，可以骗孩子周末带他出去玩，到时又反口不承认。孩子会因此感到恼怒，此时家长可以趁机对他说："被欺骗是一件非常难过的事情。你常常这样对待爸爸妈妈，所以爸爸妈妈也会这样对你，你觉得被欺骗的滋味好受吗？"孩子学会换位思考后，就会越来越少说谎了。当然，身为父母的你还是要兑现承诺，以身作则，做个诚实的人。

不要责骂孩子 很多时候，孩子说谎不过是因为恐惧父母的责骂，在和孩子交流沟通时，家长应该控制自己的情绪，平心静气地和孩子交流。不要让我们的情绪和责骂成为孩子说谎的推手。

07　鼓励能让孩子更优秀

乖孩子是鼓励出来的。对孩子而言，父母的鼓励是一种强大的动力，是孩子成长的养料，孩子心灵的花朵需要通过鼓励来获取生机与活力。因此，恰如其分地给孩子鼓励，能够让孩子对未来充满希望，也能让他们获得前进的动力。

心理专家这样说：鼓励产生动力

每个人都希望获得别人的肯定，希望得到他人的鼓励和赞美。如果父母能恰当地鼓励孩子，他们的心理就会感到满足，并渴望得到更大的鼓励。为了得到这份更大的鼓励，他们会有更大的动力继续前进。此外，得到鼓励的人会拥有积极的自我暗示与肯定，面对别的事情时，这份自我暗示也会成为他们前进的动力。每一次自我暗示和肯定都能让其产生"积极做好"的条件反射。

你比原来进步了

晨晨在某次考试中取得了非常大的进步，他高兴地回到家向爸爸妈妈报告这个好消息。妈妈看了试卷也很高兴："不错呢！这次得了85

分，比上次多了10分呢！晨晨果然是个聪明的孩子，这个成绩可没有辜负你的努力。不过，我觉得这还不是你最好的成绩，下次继续努力，一定可以考得更好的！"晨晨听了妈妈的鼓励，十分高兴。同时，他也下定了决心，一定不能让妈妈失望。在后面的考试中，晨晨果然又一次取得了突破。往后的成长道路上，晨晨虽然偶尔会遇到挫折，但是因为有了父母的鼓励，他无所畏惧，进步也越发明显了。

做会鼓励孩子的家长

在晨晨第一次取得进步的时候，妈妈首先对他的成绩予以了肯定，又对他的努力做出了肯定，同时还鼓励他下次继续努力，争取拿到更好的成绩。在这样的激励下，晨晨不断进步，自信心也越来越强。鼓励是孩子进步的动力，如果每位父母都能像晨晨的父母那样及时鼓励孩子，那么每个孩子都会有进步的强大动力。不过，鼓励也是有技巧的。许多父母也经常告诉孩子"你真厉害""要继续努力哦"，可是鼓励效果并不明显。实际上，这样的鼓励往往流于表面，长时间下来，就失去了鼓励的作用，甚至会让孩子感到厌烦。所以，家长想要给孩子更好的鼓励，不妨学学下面的做法。

鼓励孩子，不是盲目夸奖 在很多人看来，夸奖和鼓励是同义词，其实，夸奖和鼓励的本质大有不同。尽管夸奖与鼓励都是对孩子优异表现的正面评价。但夸奖往往流于表面，只是对孩子的成绩或外在的肯定，而鼓励除了对孩子的内在价值进行肯定以外，还包含了对孩子的期望。当孩子感受到父母的期待时，他们就会开始正视自己的缺陷，并努力改正。所以，父母应该在对孩子深入了解的基础上，对孩子能够表现得更好的地方进行鼓励，而不是流于表面的夸奖。例如，孩子的英语成绩取得了一定进步，我们可以告诉他："这次进步很明显，不过爸爸妈妈觉得你可以做得更好。"如此一来，不但肯定了孩子既得的成绩，又让孩子对未来有了新的期待，立下新的目标。

努力发现孩子的优点　每个孩子都是一块金子，他们拥有自己特定的优势和长处。父母要学会发现孩子的优点，并且能够将孩子的优点说出来。在成长的道路上，孩子非常需要爸爸妈妈不断的支持和鼓励。父母应当以全面的眼光来看孩子，发现孩子更多的优点。要知道，孩子讲礼貌是优点，喜欢探索是优点，巧言善道也是优点，如果家长能及时发现孩子的优点，并不断给予鼓励，孩子就能很快建立起强大的自信心，并督促自己不断前进。

鼓励孩子是家长每天都要做的事情　很多家长经常会忽视鼓励给孩子带来的快乐，所以总是只在自己心情好的时候，才跟孩子说上一两句鼓励的话。其实鼓励孩子是家长每天都要做的功课。孩子结束了一天的学校生活后，家长可以和孩子聊聊他们这一天都做了什么，即便没有取得明显的成果，也要对孩子做出的努力给予肯定和鼓励，要让他们明白，每一种努力都值得被肯定。

08　轻松幽默是心灵沟通的桥梁

在大部分中国家庭里，家庭氛围往往偏于严肃，父母与孩子的关系时常剑拔弩张。实际上，幽默有趣的教育远比严肃沉闷的说教更容易被孩子接受。在风趣幽默的氛围下，孩子能够放下拘谨，与父母进行更好的沟通。

心理专家这样说：幽默可以缓解压力

在调节压力方面，幽默起着至关重要的作用。心理学家们一致认为：幽默是个体的良性适应机制。换言之，越幽默的人，在面对压力时受到的负面冲击越小。幽默不仅能够促使人和人之间的距离发生改变，还有助于加强人际关系的互动，增进友谊和亲密感，帮助我们获得他人的认同。

幽默的语言更有用

在幽默教育这件事上，我一个朋友做得非常出色。之前，他的孩子彬彬整日沉迷于各种武侠小说、武侠影视剧中，这让朋友非常担心，生怕孩子养成攻击性性格。一天，彬彬逛商场的时候，一眼看中了一把玩具手枪，缠着爸爸妈妈要买。想到家里的同类型玩具实在太多了，朋友就对彬彬说："彬彬，你看，现在是和平时期，你的军费开销太大了，不如适当减少军火开支，做做文化建设！"彬彬听了不由得笑出声来。从那以后，彬彬很少再要求购买"武器"，反而更喜欢阅读了。

用幽默替代苛责

　　父母对孩子越严苛，孩子的逆反心理越明显。如果你不知道怎样与孩子沟通，不妨试着用幽默的方式来教育孩子。著名演讲家海茵兹·雷曼麦曾说过：将那些正经的教育用风趣幽默表达出来，远远比直接提出更容易令人接受。由此可见，幽默是一种高效的沟通手段。家长用幽默的方式来教育孩子，只要孩子能有所领悟，便会主动认错并积极改正，也会让孩子服气。那么，家长应该如何做到幽默地教育孩子呢？

营造轻松的沟通氛围　父母可以试着放下长辈的架子，与孩子像朋友一样相处。如此一来，父母与孩子的关系和心理距离就会更近一点。孩子也能够慢慢放松下来，而不会觉得和父母沟通很有压力。在这样的情况下，孩子会更乐于与父母谈心。

善于幽默地批评孩子　在孩子成长的过程中，犯错是不可避免的。不少家长会严肃、严厉地对孩子进行批评教育，结果使亲子关系变得更加生硬。事实上，如果父母能够改用幽默的语言来和这些犯错的孩子沟通，就能让亲子关系变得更加融洽。孩子不仅能在欢笑中意识到自己的不足，也能感觉到父母对自己的尊重和保护，因此就会更愿意主动向父母承认错误并改正。这在一定程度上，也能消除孩子犯错后的紧张和恐惧感。

寻找共同的兴趣与话题　家长除了跟孩子开玩笑，还可以多和孩子讨论一下生活趣事，或者其他一些孩子感兴趣的话题。如此一来，父母与子女之间就会有更多的共同话题，孩子也会越来越愿意主动与父母交流了。

幽默是一门艺术，如何将艺术融合到日常教育中是家长教育孩子的进阶课程。一旦学会这门艺术，父母和孩子的关系就会更近一步。

第九章　如何安抚，孩子才能淡定从容

01　心理压力不只大人有

有些家长认为，小孩子不会有什么心理压力。事实恰恰相反，孩子和大人一样，也会有心理压力。由于家长在这方面的疏忽，孩子的心理压力不断累积，甚至会转化为心理问题。那么，孩子的心理压力究竟从何而来呢？

心理专家这样说：缺乏安全感易造成压力

从发展心理学的角度分析，在幼儿时期，父母应该帮助孩子获得足够的安全感，只有这样孩子才能有足够的精神力量去应对成长中的问题。相反，如果孩子没能在幼儿时期获得足够的安全感，他们就会变得敏感、多疑，需要反复通过别人的言行来验证自己的价值，从而心理压力会越来越大。而这些心理压力一般来源于父母过多或过少的关注、周围的环境，以及未能妥善处理与他人的关系等。

你的过度关心也会给我带来压力

妞妞升入六年级以后，全家都陷入了紧张状态，因为妞妞很快就要面对小升初考试了。为了给妞妞提供营养，妞妞妈妈每天都给妞妞做好吃的。晚上爸爸也会抽出时间陪妞妞聊天。虽然爸爸妈妈都在为妞妞努力，但妞妞的成绩却直线下降。老师也三番两次地找妞妞的爸爸妈妈了解情况，老师告诉他们，妞妞的状态不是太好，上课不是走神就是睡觉。妞妞这是怎么了？爸爸妈妈百思不得其解。后来通过深入谈心，爸爸妈妈才知道，原来自从上了六年级，妞妞晚上就总是做噩梦。晚上睡不好，白天自然就提不起精神。在老师的点拨下，妞妞的爸爸妈妈这才意识到，是自己的行为给了孩子太大的心理压力。

让孩子轻松长大

爸爸妈妈虽然并没有直接给妞妞提要求，但是他们的行为无时无刻不在显示着他们对妞妞的关注。这些无声的关注就像一块巨石压着妞妞，给她带来了极大的心理压力。不同于生理问题，心理问题因其潜在性，常常被人们忽略。由于孩子不善表达，所以孩子的心理问题更容易被家长忽略。因此，父母要关注孩子的日常表现，有任何异常都应与孩子及时沟通。当孩子有心理压力时，一般会出现说谎、故意毁坏东西、爱哭闹、蛮不讲理、梦魇、注意力分散、胡言乱语等状况。那么究竟该如何安抚孩子，缓解他们的压力呢？

了解孩子心理压力的来源　每个孩子的压力来源都有所不同。这时候，家长要扮演的就是倾听者的角色。在和孩子沟通的过程中，千万不能忽视倾听的作用，只有以心交心才能了解到孩子真实的压力来源，也只有这样才能对症下药。

忽略孩子的一些问题　这里的"忽略"并不是指真正的忽略，而是说家长本身要学会放松心态。当父母过分在意某些事情的时候，就会开始焦虑，而这种焦虑很快就会传染给孩子，进而孩子就会怀疑自己是否与常人一样。如此一来，孩子的心理压力就会更大。

分享自己的心得体会　父母要告诉孩子，有压力是正常的。因为，在心智、知识水平还未健全的情况下，孩子往往不知道有压力存在是正常的。并且，他们可能会为自己的焦虑感到担忧，进而形成恶性循环。这时候，如果父母能够进行正确的引导，告诉他们："爸爸妈妈也时常面临压力。"当孩子对心理压力有了一定的认知后，他们的焦虑感就会得到很大的缓解。

鼓励孩子培养广泛的兴趣和爱好　鼓励孩子多参与学校活动，培养一些兴趣和爱好，这些都能有效地缓解孩子的心理压力。但父母不能强迫孩子去做什么，要让孩子自由地选择自己喜欢做的事，这样才能更好地舒缓心理压力。

孩子有心理压力并不可怕，只要父母能够及早发现并合理引导，孩子就不会背负上繁重的心理压力，小小少年才能很少烦恼。

02　人前不教子

中国有这样一条古训：人前教子。这条古训是让父母当着众人的面教育自己的孩子，以便他明白错在哪，以后该怎么做。大多数父母可能都会认为这样的教育更能让孩子长记性。可是，这样的教育方式真的是对的吗？

心理专家这样说：孩子也有名誉意识

英国著名的教育学家约翰·洛克曾说过：父母越不宣扬孩子的过错，孩子就会越发看重自己的名誉。为了维护自己的名誉，他们会在日常行事中更加谨慎乖巧。相反的，如果父母总是当众批评自己的孩子，孩子们就会觉得无地自容，名誉更是荡然无存。在这种情况下，孩子们也就没心思去维护自己的名誉了。从这个角度来看，人前教子的做法并不可取。

你的数落让我无地自容

一天，我在地铁上看到了这样一幕：一个母亲一直指着自己孩子唠唠叨叨地说着什么。仔细一听，原来是因为孩子考试成绩退步了。"肯定是因为整天都想着出去玩，肯定是因为整天跟那些坏孩子混在一起……"那个挨骂的孩子一直垂头丧气地站在一旁。孩子想反驳什么，但是话到嘴边又咽了回去。这场亲子教育更像是母亲的独角戏。

怎样做才能既保护孩子的尊严又让孩子意识到自己的错误

在日常生活中，这样的情景并不少见。爱子心切可以理解，可是父母们却很少尊重孩子的感受。在这点上，瑞典的父母就做得很好。他们一致认为，每个孩子都有独立的人格，没有任何一位父母或者老师有权力抹杀孩子的个性和意志。相较于粗暴地干涉孩子，瑞典的家长更倾向于在孩子闯祸后耐心地给出提醒和建议。如此一来，既让孩子感到被尊重，又能让孩子记住犯错的体验。在日常生活中，我们不妨尝试以下方法。

减少使用命令的语气　在许多家庭里，父母在对待孩子时，常常会不自觉代入身份的权威。在与孩子对话的过程中，也常常会出现命令的语气。这样做会严重伤害孩子的自尊心，对孩子的自主意识形成压制。在这种情况下，孩子可能会走向两个极端：有的孩子会因此变得懦弱、胆小、没有主见；有的孩子则变得越来越叛逆，与父母的关系也会变得更加僵硬。因此，日常生活中，父母最好以平等的姿态与孩子交流，用提议的方式对孩子进行教育。与命令不同，提议的方式能对孩子的思考进行引导，也能使父母的意见得到更有效的传达，与此同时，还能锻炼孩子的思维和判断能力。

疼痛教育　这是一种开放式的教育理念。许多孩子喜欢自己尝试新鲜事物，而在一些小事上，家长与其一味劝阻、打压，还不如放手让孩子们自己去尝试。只有亲身经历失败和疼痛后，孩子才能真正地意识到"这样做是错误的"。当孩子尝试并遭遇失败后，家长千万不能嘲讽或者训斥，而应当以引导者的身份帮助孩子对失败的原因进行分析。长期来看，这种教育方式对孩子的成长也是有利的。因为经过了这样的疼痛教育，孩子的态度会逐渐改变，也更容易接受父母的劝导。

不在公开场合评论孩子　由于孩子还没有形成相对完整独立的价值观，所以会经常犯一些自己都意识不到的错误。如果这时父母在公共场合斥责甚至打骂孩子，孩子的情绪只会更加激动，他们会觉得自卑，并且会忽视父母的说教，更加意识不到自己的错误。这时家长需要做的就是把孩子带到相对安静的地方进行教育，因为此时孩子和自己都有一段可以缓冲的时间，家长可以平复心绪，孩子可以意识错误，然后家长再对孩子进行说教，就会更加有用。

给他一个眼神，让他明白　如果孩子的错误必须及时制止，但是又要保护孩子的自尊心，那么此时可以通过一个眼神给孩子提示。不要低估孩子接收信息的能力，他们敏感的小心脏完全可以领会你的意图。比如孩子在跟小朋友一起玩滑梯，大家都争相去抢一个滑梯，这时，你就可以给他一个眼神，让他不要争抢，在后面等一等。这样既能保证孩子的安全，也能保证孩子的自尊心不受伤害。

03　进步需要肯定

人生是一场持续不断的修炼，既然是修炼，就会有进步。进步在孩子的身上有非常明显的体现：学会自己穿衣服是一种进步；考试成绩提升是一种进步；学会安静聆听也是一种进步……那么，在面对孩子的进步时，父母应该采取怎样的态度呢？

心理专家这样说：每个人都需要肯定

著名的心理学家赫洛克就用一组对照实验解答了这个问题。赫洛克将一群智力水平相近的孩子平均分为统治、肯定、批评以及忽视四组，然后，让这四组孩子连续做三天加法验算。实验结果显示，第一天，四组孩子的平均分数不相上下。但随着时间推移，肯定组孩子的平均分数开始远超其他三组孩子的平均分数。最后，赫洛克对该实验做出了总结：肯定组的孩子感受到了父母的期望，因而获得了努力的欲望。美国著名的心理学家威廉·詹姆斯也曾说过："人性中最本质的期望是得到赞赏和肯定。"然而，现实生活中，父母却常常忽略对孩子的进步给予肯定。

我怎么做，你都不会满意

莉莉是一个热爱学习、认真努力的小女孩。在一次考试中，莉莉终于突破自己，考出了全班第一的成绩。当她高兴地向妈妈报喜时，妈妈却严厉地说道："你看看，这道题为什么会错？就是因为你粗心大意！你本来可以得更高的分数。"原本兴高采烈的莉莉听了这话，犹如被浇了一盆冷水，所有快乐都烟消云散了。之后，莉莉因为缺少学习的动力，成绩很少有提升。

做细心的家长，发现孩子的进步

莉莉的遭遇不知是否让你心头一震。或许在平时，身为家长的你也犯过类似莉莉妈妈那样的错误。我们不妨换位思考一下，如果你是莉莉，当你没有取得进步时，父母会责备你，而当你取得进步时，得到的还是父母的责备，这时候，你是否就会对自己的努力产生怀疑呢？莉莉妈妈错在忽略了对孩子进步的肯定。从心理学角度来讲，孩子会通过外界对其行为的肯定或否定来肯定或否定自身。因此，为了让孩子能够自信地成长，父母在教育孩子的过程中，应当学会肯定孩子的进步。

发现孩子的进步　很多时候，父母总会先注意到孩子不足的部分，而忽略了进步的方面，这就犯了和莉莉妈妈一样的错。因为父母望子成龙、望女成凤的心思过于急迫，就使得他们会更多地留意孩子不好的地方，希望孩子能够尽快改正。然而，一口吃不成一个胖子，孩子不可能在短时间内取得成功，更不可能什么事情都能做得尽善尽美。所以这时候，父母们应当积极调整自己的心态，让自己"慢下来"，去享受陪伴孩子成长的时光。也只有"慢下来"，细心观察，才能发现孩子的进步。

发现孩子有进步时，就应该及时给予肯定 "我看到了你的进步哦！很不错！要继续努力！"当我们发现孩子的进步时，就要毫不吝惜地给予肯定。有时有的进步可能连孩子自己都没能发现，而父母却发现并给予了肯定和鼓励，孩子就会感受到父母满满的爱意和关注。并且在父母的肯定和鼓励下，这一点小小的进步会得到进一步的强化。或许在某一天，孩子就会给父母一个大大的惊喜！当然，肯定、鼓励孩子的进步也要适度，切忌夸大其词，否则可能会让孩子变得骄傲自满。

04　物质奖励需谨慎

在子女教育上，有的人认为物质奖励能激发孩子的动力，而有的人则认为物质奖励会让孩子变得功利……争论之下，很多父母就会很疑惑：到底应不应该给予孩子物质奖励呢？

心理专家这样说：物质奖励需有度

事实上，从行为心理学的角度来讲，物质奖励确实具有一定的可行性。但物质奖励并不能滥用，因此在运用物质奖励时，家长应当万分谨慎。有心理学家指出，在孩子的成长过程中，物质奖励可以让孩子得到一定的外部动力，但是随着年龄增长，父母应该学会淡化或者拔高物质奖励机制，帮助孩子完成从外在动力到内在动力的转化。

奖励也有可能会变质

一个朋友在教育自己的孩子云云时特别依赖物质奖励。例如，当云云不肯上幼儿园时，她会对云云说："如果你乖乖去上幼儿园，周末我就带你去游乐园。"当云云不肯好好吃饭时，她会对云云说："只要你好好吃饭，一会就可以看一个小时动画片。"这样的奖励机制的效果是立竿见影的。但最近,我这个朋友却犯愁了。因为,她发现自己已经很难管住云云了。几天前,云云对她说:"这次考试,如果没有好的奖励,我就不好好复习了!"由一开始的激励到后来的被"威胁",这是朋友万万没有想到的。

正确的奖励方式

在教育过程中,如果家长没能把控好物质奖励的度,就会使孩子背离了兴趣和初衷,而更多地聚焦于物质奖励。由于对受奖励的行为本身丧失了兴趣,所以孩子的行为习惯养成受到了阻碍,他们会逐渐将自己的努力视为一场物质交易。更严重的是,孩子的欲望会随着物质奖励的不断升级而变大,进而对物质奖励的要求也越来越高,由此形成一个恶性循环。当家长无法负担日益增长的物质奖励的那一刻,就会造成止步不前的情况。那么,如何对孩子进行正确的奖励呢?

合理把握物质奖励 物质奖励本身并没有错,错的是许多家长并没能很好地把握物质奖励的度。在给予孩子物质奖励时,不应当以贵重、稀有为标准,而应当注重其中的内在含义。在挑选奖品时,父母可以以学习用品或者孩子喜欢的书籍为主。其实孩子最初对物质奖励并没有太高要求,致使物质奖励不断升级的人其实是父母。

同时,在进行物质奖励时,应当让孩子明白他们获得的物质奖励,并非是等价交换的结果,这个奖品只是对"你做得好、做得对,父母以你为荣"的表达,以此帮助孩子完成从外在动机到内在动机的转化。

杜绝一刀切的奖励方式 无论是单纯的物质奖励,还是单纯的精神奖励都是不适宜的。从一定程度而言，物质奖励远比精神奖励更能直接、迅速地帮助孩子建立努力的意识，强化孩子的兴趣。精神奖励也是有弊端的，过度的精神奖励容易让孩子变得骄傲自满、自我膨胀，导致孩子自认为已经足够优秀，无须努力。所以，在对孩子进行奖励的时候，不妨采取物质奖励与精神奖励相结合的方式。随着孩子年纪的增长，可以适当降低物质奖励的比例。在强化精神奖励的同时，不断为孩子灌输"尽管你非常优秀，但是不能骄傲自满，因为人外有人，天外有天"的想法。相信在这样合理的激励方式下，孩子会更加健康地成长。

第三部分

关注孩子变化，做合格家长

第十章　你知道自己孩子的气质吗

01 气质不分好坏

气质是指人的生理、心理等素质，是相对稳定的性格特点。近年来，气质心理学的发展十分迅速，并在个性心理学中占据极其重要的位置。

心理专家这样说：气质有多种类型

在气质心理学中，人类的气质被划分为胆汁质、多血质、黏液质以及抑郁质四大类型。然而，对气质心理学一知半解的人普遍会陷入这样的误区：某种气质优于另一气质。事实上，一个人的气质是与生俱来的，受血型、遗传等因素影响，较难改变。此外，大多数人都是以某种气质为主的混合类型，很少会有人只有一种气质。没有哪种气质优于另一种气质之说，气质也无法决定一个人的社会价值和成就。

每个孩子都有属于自己的气质

曾经，我就见过这样的两对父母：第一对父母的孩子名叫敏敏，她是个乖巧懂事、人见人爱的小女孩。她的父母也时常向他人夸耀自己的孩子。自出生后，敏敏就不怎么哭闹，作息也很有规律。如果非要说缺点，可能就是不喜欢运动，做什么事都慢腾腾的。后来经过儿童气质量表测试显示，敏敏是个黏液质的孩子，特点就是乖巧、安静。而另一对父母恰恰相反，他们的孩子亮亮是个胆汁质的孩子，非常喜欢哭闹，对外界刺激也十分敏感，时常因为各种原因烦躁不安，还会出现咬人的情况。亮亮的父母对此非常苦恼。

对不同气质的孩子因材施教

一个人的气质是与生俱来的，并都有其优点和缺点。黏液质孩子的优点是乖巧懂事、守规矩、生活有规律，但他们的缺点也很明显，例如反应较慢，动作迟缓，不善交际。胆汁质孩子一般容易暴躁、鲁莽，但这类孩子也更加热情、有冲劲、精力充沛、开朗活泼……因此，并不能说哪种气质就一定比另一种气质好。在教育孩子的时候，父母只要做到因材施教，妥善引导，不管哪种气质的孩子最终都能成才。在面对不同气质的孩子时，父母要如何做呢？

了解孩子的气质　事实上，很少有人只有单一的气质，更多的人是混合气质，只不过这些混合气质往往由某一种气质主导。在日常生活中，家长可以通过孩子的各种小表现来判断孩子的主要气质。例如，如果一个孩子比较内向，不怎么爱说话，那么他很可能是黏液质或者抑郁质的孩子。相反的，如果一个孩子比较活泼开朗，喜欢与人交往，那么他很可能就是多血质或者胆汁质的孩子。如果一个孩子的脾气比较暴躁，性子较急，那么他很有可能是胆汁质的孩子……如果父母想要更准确地判断孩子的气质类型，可以到相应的机构做气质类型鉴定。

了解不同气质的优缺点　例如，胆汁质的孩子性格比较暴躁，是急性子，自控能力较弱，但是他们又热情开朗，富有活力。抑郁质的孩子感受能力较强，内心敏感，情绪波动较大，与此同时，他们相对安静、听话、富有同情心……家长们只有了解了不同气质的优缺点，才能在后续的教育中做到因材施教。

帮助孩子扬长避短　假如孩子性情急躁，父母可以考虑陪伴孩子进行一些相对安静、需要耐心的游戏（如画画、练字一类），帮助孩子戒骄戒躁。如果孩子感受力较强，富有同理心，那么家长们可以引导他们进行创作（如画画、手工等），将同理心发挥到创作中去。

不同气质的孩子有不同的教育方法，只要家长做到因材施教，你的孩子就会成为闪闪发光的金子。

02　活泼多动的多血质孩子

　　在日常生活中，我们经常遇到这样的孩子：他们活泼好动，反应迅速，动作矫捷，待人热情，并且喜欢主动将自己家里的事情说给老师和朋友听。但是，他们还有一个显著的特点，就是对任何事情都是三分钟热度。这类孩子一般就属于多血质。

心理专家这样说：活泼好动的"多血质"

　　心理学上，多血质又名活泼型。这类人的主要特点是活泼好动，热衷于人际交往，面临新环境也能很快适应。在学习、工作和生活中，多血质的人向来精力充沛，且有较高的效率，是一群很有朝气的人。据心理学研究表明，多血质的孩子可塑性高，将来的发展方向多为主持人、演员、演说家等，但是他们也有非常显著的缺点，即善变、粗心、浮躁，对事情往往只有三分钟热度。

多血质的鹏鹏

　　鹏鹏是个非常活泼开朗的孩子，每次与人偶遇，鹏鹏都会主动打招呼，因此，周围的人都很喜欢他。而且，鹏鹏的环境适应能力也很强。听鹏鹏妈妈说，鹏鹏刚上幼儿园时不哭不闹，还会主动帮助别人，所以很快他就成为了班上的小太阳，其他小朋友们也都很乐意跟鹏鹏一起玩儿。但鹏鹏妈妈也有一些小苦恼，因为鹏鹏有时太粗心，总是丢三落四的。

扬长避短"多血质"

鹏鹏显然是个典型的多血质孩子。他身上有十分显著的多血质特性。例如活泼、有朝气、适应能力强、反应快。但是，他也有非常明显的缺点——粗心，这是多血质的人最常见的毛病之一。

多血质的人往往热情、大方，即使面对陌生人也很少拘谨，所以这类人一般都交友广泛，十分招人喜欢，这些都是他们的优点。但是，任何一种气质都有优点和缺点。多血质的人的缺点就是做事心浮气躁，不够吃苦耐劳。因此，在对多血质的孩子进行教育时，应当因材施教，扬长避短。

活泼开朗是多血质人的性格优点　家长可以着重培养孩子身上的这种活泼开朗、富有朝气的良好性格。家长们可以多带孩子去外面与人交流，开阔眼界。在家里，家长也可以多陪孩子玩耍。

面对多血质人的缺点，家长可以适当教育　多血质的孩子情绪不稳定，注意力容易分散，办事粗心大意。因此，家长可以在日常生活中对他们提出较为严格的要求，培养他们认真、专注的品质。当家长发现孩子有虎头蛇尾的情况时，应当及时指正。此外，多血质孩子自控能力较差，且不太能吃苦，家长要注重培养多血质孩子顽强刻苦的精神，提高孩子的自控能力。家长可以与孩子约法三章，要求孩子按照约定行事，并在孩子遵守约定后，及时予以鼓励和表扬。久而久之，孩子就会养成良好的自控能力。

带孩子参与一些相对安静的游戏或活动　像画画、练字等安静的活动可以帮助孩子静下心来，培养他们的专注力，弥补多血质孩子的不足。

03　沉着冷静的黏液质孩子

在四种气质类型中，黏液质是最偏向中庸的一种。这种类型的孩子像小大人一样，在许多老师和家长眼中，他们最乖巧，是最讨人喜欢的孩子。他们安静、乖巧，不像多血质的孩子那样好动，也不像胆汁质的孩子那样暴躁。

心理专家这样说：沉着冷静的"黏液质"

从心理学的角度来讲，黏液质的孩子比较安静，情绪也比较稳定。在生活中，他们经常表现出宽容、忍让的态度并且他们的生活很有规律，做事也很专注不易分心。与其他气质的人相比，黏液质的人更有耐心和毅力，自控能力较强，做事慢条斯理，是相当稳重的一类人。而他们的缺点就是在行动和运动能力上远远逊色于其他类型的人，并且环境适应能力较差，他们不太会变通，可塑性也比较低。虽然他们较为稳重，但是往往也因此显得死气沉沉，不够热情。

黏液质的锦锦

锦锦是个乖巧的孩子，对爸爸妈妈言听计从，从来不拒绝，也不反驳。相比那些闹腾的孩子，也许很多家长都更期待自己拥有一个像锦锦这样乖巧的孩子！但是，锦锦的爸爸妈妈也很苦恼，因为他们发现，锦锦的主动性太差，做什么事情都要爸爸妈妈催着她去做，颇有"当一天和尚撞一天钟"的意思。

扬长避短"黏液质"

由此可见，如果黏液质的孩子未能好好培养，他们就很容易变得固执、冷漠。那么，面对这样一个"小大人"，家长应该怎么做呢？

肯定他们气质中忍让、宽容的成分 很多家长担心自己的孩子性格软弱，会在学校吃亏，所以就教育孩子凡事要大胆一点，更有家长教育孩子打要还手，骂要还口，这样就会给孩子这样一个心理暗示——只有暴力才能解决问题，忍让就是懦弱。其实孩子的忍让与软弱源于他们内心的宽容和博爱，家长要告诉孩子，这些个性是他们的优点。

在家庭中营造轻松、诙谐的氛围 对于黏液质的孩子，家长更应采取亲切、鼓励、关爱的态度，可以适当给他们增加一些需要灵敏反应及速度的游戏，以弥补他们行动缓慢的缺点。

鼓励孩子接触新鲜事物 黏液质的孩子还有固执守旧的缺点，这也导致他们对新鲜事物的接受能力较低。因此父母可以引导他们参加一些游戏和活动，解放孩子的天性，进而打开孩子的心灵。

多让孩子和外界接触 黏液质的孩子很容易沉浸在自己的世界里，不喜欢与别人交流，集体意识也相对薄弱。因此，家长可以多带孩子出去与人接触，鼓励他们多与别人交流。家长还可以在家里为孩子举办小小的演讲会，锻炼孩子的表达能力，慢慢改变孩子不喜交流的特点。

一般情况下，黏液质的孩子都会比较安静、守规矩，也正因如此，反而让许多家长觉得省心，进而忽略了对孩子的引导。实际上，不同的气质各有优缺点，忽略黏液质的缺点给家长带来的恐怕只有遗憾。

04　敏感细腻的抑郁质孩子

　　许多家长在听到抑郁质这一气质时可能会有所担心，并且不希望自己的孩子属于抑郁质类型。事实上，抑郁质只是四大气质类型中的一种，它与其他气质类型一样，都有优点和缺点。

心理专家这样说：敏感细腻的"抑郁质"

　　从气质心理学来分析，抑郁质的人有自己的特质：他们聪明，有敏锐的洞察力和丰富的想象力。通常情况下，抑郁质的人往往给人的感觉是安静，做事循规蹈矩、注意力集中。但抑郁质的人也有缺点：行动迟缓，交际能力较差，性情孤僻，处事优柔寡断。由于有这样的气质特征，所以抑郁质的人非常容易受到外界干扰，情绪波动较大。

抑郁质的笑笑

　　前段时间，笑笑的妈妈非常苦恼，她不知道为什么，笑笑的情绪一直很低落，并且对什么事情都提不起兴致。她问笑笑怎么了，笑笑总是摇头不说。笑笑妈妈为此很是担心。直到最近，笑笑妈妈才知道原因：之前笑笑妈妈许诺周末带笑笑出去玩，然而到了约定日期，却忘了这回事。笑笑从小心思细腻，又比较敏感，容易陷入自责，她觉得可能是自己的表现不够好，惹妈妈生气了，便下定决心要表现得更乖一点。可是她发现，无论自己表现得多乖，妈妈还是绝口不提出去玩的事。就这样，笑笑的情绪越来越低落。

扬长避短"抑郁质"

案例中的笑笑是个非常典型的抑郁质孩子，她胆小、乖巧、沉默寡言，但是情感细腻，情绪很容易受到外界影响。并且，她缺乏自信，遇到事情，会先在自己身上找原因。这也是为什么当妈妈忘了带她出去玩时，她会下意识地觉得是自己的表现不够好的原因。所以，在面对抑郁质的孩子的时候，家长应该有所侧重地对其进行引导和教育。

让孩子感受到满满的爱意　因为只有让他们感受到更多的爱，他们的性格才会得到改善。要想让孩子感受到满满的爱意，家长首先要在家庭中营造一个轻松、快乐的氛围，拿出亲切、关怀的态度来对待孩子，并经常与他们沟通谈心。

挖掘抑郁质气质中的洞察力　抑郁质的人有一种特质——敏锐的洞察力。洞察力是种天赋，家长应该帮助孩子发挥这一优势，比如，培养孩子的绘画能力，通过画画，帮助孩子展现其丰富的想象力。还可以和孩子一起观看《动物世界》这一类节目，然后和孩子比赛，谁记住的动物多，分别记住的它们的习性。

　　每一种气质类型都有各自的优缺点，抑郁质也不例外，我们不能只看到其缺点，而忽略其优点。只要我们因材施教进行引导，抑郁质的孩子也能成长为一个自信、乐观的人。

05　暴脾气的胆汁质孩子

说到张飞，许多人的第一反应就是直率、有魄力、鲁莽、粗心。从气质心理学的角度来看，张飞应该就是胆汁质的典型代表，他做事鲁莽，又十分急躁，容易孤注一掷。而这样的性格在很多时候都是不可取的，于是，许多家长就会担心，如果自己的孩子是胆汁质的可怎么办？

心理专家这样说：暴脾气的"胆汁质"

在心理学上，胆汁质又称战斗型，这种类型的人情绪容易激动，反应迅速，动作灵敏。我们单从他们的语言、表情以及动作上就能感受到他们的热情、坚强、直率和开朗。面对困难的时候，胆汁质的人带有一种坚韧不拔的毅力，但是，他们往往很难考虑到可行性问题。这类人的缺点是急躁、暴脾气、鲁莽、做事不计后果。

胆汁质的君君

"不管了，就这样吧！"这是君君经常挂在嘴边的一句话。遇到事情的时候，他总是这样急躁地下结论，不考虑后果。前几天，老师安排君君和几个同学一起帮忙组织班会。起初，君君还很有干劲，可是当大家进一步讨论一些细节问题的时候，君君的老毛病又犯了。他不耐烦地说："哎呀！差不多就得了！不管了！"他的不配合让其他一起准备的同学感到十分不满，纷纷向老师"告状"。

扬长避短"胆汁质"

君君就是一个典型的胆汁质孩子。他做事有干劲，但又经常不计后果地妄下结论，也不喜欢关注细节。每种气质都有其优势和劣势，胆汁质也不例外，这类孩子都是目标导向者，他们拥有极强的独立性，并且不太喜欢别人的帮助。对于他们来说，自由成长的空间十分重要。针对胆汁质的孩子，家长不妨这样做。

营造安静的氛围　胆汁质的孩子性格急躁，比较吵闹。因此，家长应当从小教育他们要平和地讲话，学会冷静。家长也应当以身作则，对孩子保持和蔼可亲的态度。同时，在家里定下"安静时间"的规律，即每天同一时间，在同一地点陪同孩子做一些类似于折纸、剪纸、练字等安静的小游戏，帮助孩子学会静下心来。

孩子犯错时，双方应该先冷静下来　当孩子犯错时，家长不应该立即训斥，而应该等孩子平静下来，耐心地进行分析教育，让他们认识到事情的本质，从而接受别人的意见。因为这类孩子的性子比较急躁，如果直接对他们进行训斥，很容易适得其反，引来他们的不满，批评教育也就事倍功半了。

不压抑孩子爱玩的天性　很多家长认为，胆汁质的孩子聒噪好动，所以应当强制他们安静下来。事实上，如果家长习惯性地压制他们的天性，很容易伤害他们积极性。因此，不如与孩子做一个约定，给他们安排适当的游戏时间，在游戏时间内他们可以尽情玩耍。

培养孩子的习惯和时间意识　在生活中，家长不妨让孩子做一些细致的家务活，并规定完成时间，这样可以培养他们细心的习惯和时间意识。由于这类孩子的自控能力较弱，所以家长应当多加监督。当孩子按时、高质量完成任务时，家长也应及时予以表扬。

　　胆汁质的孩子并不比别的气质的孩子差，只要家长能够找对方法，因材施教，这类孩子很可能成为优秀的军人或者出色的外交家，他们的未来将会有无限的可能。

第十一章　让孩子远离"时代病"

01　如何避免二胎成噩梦

随着二胎政策的推出，"要不要生二胎"成了全民热议的话题。在讨论热潮中，大宝与二胎的相处问题成为广大家长关注的焦点。

心理学家这样说：不可忽视的"同胞竞争"

在心理学中存在这样一种现象：同胞竞争。这种现象指的是同胞兄弟姐妹间或多或少会出现对比与竞争。而这一现象往往集中体现在3~12岁孩子身上，因为这个年龄阶段的儿童占有欲较强，心灵也较为脆弱。当弟弟或者妹妹出现时，他们往往会因为担心父母对他们的爱和关注会被新生儿夺走而产生恐慌情绪。此时，孩子会承受极大的心理压力，如果家长没能进行良好疏通，孩子很可能就会做出极端行为。

孩子可能会这样：我不想要弟弟或妹妹

二胎政策实施后，靳靳的爸爸妈妈决定再生一个孩子。在准备阶段，爸爸妈妈特地询问了靳靳的意见，而靳靳表现出了强烈的排斥态度。但爸爸妈妈想等孩子生下来之后再跟靳靳好好沟通，相信靳靳很快就能接纳小弟弟或小妹妹。可等到弟弟出生后，靳靳的反叛心理越来越严重，不仅不愿意上学，甚至还偷偷打小弟弟。爸爸妈妈想了很多办法，换来的却是靳靳的"离家出走"，这让他们非常苦恼！

有了大宝，也要关注二宝

有不少怀二胎的家庭正面临或即将面临与案例类似的情况。但是，问题真的出在大宝身上吗？出现这样的情况，家长同样也有责任。事实上，新成员的加入不仅是家长的事，对孩子也有很大的影响。身为家长，在享受新生命降临的喜悦时，也应该兼顾大宝的心理疏导与教育，以免因为疏忽一胎孩子的心理而酿成大错。同时兼顾两个孩子考验着家长的平衡和沟通能力，父母可以选择分阶段对大宝进行疏导。

二宝出生前

与大宝分享家庭的喜悦　在怀孕或者备孕期间，父母就应该将这个消息分享给大宝，而不是让孩子通过他人之口得知。父母直接和孩子说，能够让他感受到父母的尊重。

让大宝也参与其中　家长可以鼓励、引导大宝对孕育新生命的知识进行了解。对待年龄较大的孩子，家长可以选择与孩子一起阅读怀孕、分娩等方面的书籍。对待年纪较小的孩子，家长可以多带孩子与亲友的新生儿进行互动，从而减少孩子对新生儿的排斥感。同时，还可以与他们商量给新生儿起名字，让他们帮忙准备迎接新生儿的物品，增加他们的参与感。

二宝出生后

学着照顾弟弟妹妹 新生儿出生后，家长可以尽量让大宝参与到帮忙照顾新生儿的过程中。虽然开始时他们并不能做得很好，但是家长也要给予肯定和鼓励。大宝在帮助照看新生儿时，能够明显感受到自己存在的价值，同时能够以更加积极主动的方式与新生儿进行互动。不过，家长也要注意把握尺度，过度繁重的任务也会导致大宝对新生儿产生厌烦的情绪。

给予大宝关注 家长应该注重保留与大宝单独相处的时间。给予大宝一些不会与弟弟妹妹分享的、独有的私人空间与物品，这样有助于减少大宝对弟弟妹妹的反感情绪。当亲朋好友前来探望新生儿时，父母也可以多将话题和关注点引导到大宝身上，避免让大宝觉得自己受到排斥或冷落。

帮助大宝合理发泄不满 有些孩子在有了弟弟妹妹以后会在某些方面有所退步，如自控力下降、经常闯祸等，这些往往都是他们在向父母表达自己的不满，这也是同胞竞争的表现之一。这时家长要耐心细致地观察大宝的行为和情绪变化，承认这些变化的存在及合理性，引导孩子以积极的方式（如表演、画画等）表达出来。此外，家长还可以跟他们讲讲当哥哥姐姐的好处，帮助大宝认识自己的角色定位。

对于每个家庭来说，迎接新生命都是一件快乐的事情，但是千万不要忽略了一胎孩子的心理问题，以免二胎成噩梦！

02　帮助孩子管理上网时间

当今社会，网络的发展使人们的工作和生活更加便利，但孩子们大多只关注网络上娱乐功能强大的游戏。虽然适度游戏有益于智力发展，但如果孩子不能对娱乐时间进行合理安排，就会沉迷于游戏而迷失自我，这时就需要父母进行管束和引导。

心理学家这样说：网瘾是一种心理问题

心理学家曾做过这样一个实验：将一只愉快中枢上安有电极的猴子关进笼子里，并将电极连接到笼子的踏板上。每次猴子无意踩到踏板时，它的愉快中枢就会因受电流刺激而产生愉快感。久而久之，猴子就养成了一个行为习惯，通过踩踏板获取愉快感。从心理学的角度来讲，这是一种情感体验需求，而网瘾也是其中之一，但时间久了，这就会成为一种有害的情感体验需求。网瘾是网络瘾症的简称，是指上网者长期使用网络并对之产生依赖，达到痴迷程度的一种行为状态。对于青春期的孩子来说，他们的自制力和判断力都还不够，很容易沉迷于虚拟世界带给他们的刺激和愉悦中，而一旦回到现实世界，就会产生失望情绪，继而想再次回到网络世界中获得快感。家长要明确一点，喜欢上网不等于染上网瘾，网瘾可以归为心理问题，但并不是无法摆脱。

让玛丽失控的网络游戏

玛丽升入初中后，她的父母就在家里添置了一台电脑。父母的本意是让玛丽上网查阅学习资料方便一些，玛丽却慢慢迷上了网络游戏。原本乖巧懂事的玛丽变得越来越暴躁，成绩也越来越糟糕。只要父母提起沉迷网络游戏的危害，或者限制上网时间，玛丽就会陷入暴躁状态。这让父母既生气又伤心，不知如何是好。

丰富兴趣爱好，将孩子对网络的热情进行分流

玩耍是孩子的天性，每一位家长都希望自己的孩子能有一个欢乐的童年。适度的游戏能锻炼孩子的思维，拓展他们的眼界，让他们交到更多朋友，获得更多快乐，但家长也有责任保证孩子面对这些娱乐活动不会失控。如果缺乏合理的引导，网络游戏会把乖巧的孩子变得暴躁，也会让懂事的孩子失去自控能力。家长应该学会鉴别孩子是否染上网瘾。通常而言，孩子在染上网瘾后，会出现以下几个特征。

对其他活动丧失兴趣　孩子一味沉迷于网络，对之前感兴趣的其他活动都失去了兴趣。

自我控制能力降低　染上网瘾后，孩子会沉迷于网络，无法自拔，并且对其他事情的关注度也会下降，做事无法集中注意力。

对网络耐受性提高　一开始孩子只需要15分钟的上网时间就会感

到满足。患上网瘾后，15分钟的游戏时间已经无法让孩子感到愉悦和满足，他们只能通过大幅度延长上网时间来获得满足感。

撒谎 染上网瘾后，孩子往往会用谎言掩饰自己沉迷网络的事实，并开始想方设法延长玩游戏的时间，与父母打"游击战"。

成绩下滑 染上网瘾之后，孩子的学习成绩会急剧下滑，因为玩游戏看似在娱乐，其实也在消耗孩子的精力，一些复杂的游戏也会让孩子用脑过度，在学习上无法集中注意力。他们也会对自己的这种状态感到不满，从而形成一种恶性循环，再通过网络游戏来缓解这种负面情绪。

如果已经确定孩子染上网瘾，家长又应该如何处理？

组织营造良好的娱乐环境 孩子喜爱网络游戏，是因为网络游戏具有很强的娱乐性。生活中的娱乐活动非常多，家长可以引导孩子发展更多的兴趣爱好，将孩子对于网络游戏的热情进行分流。空闲时，家长可以联系孩子班里的其他家长，利用孩子的课余时间适当组织有趣的网络竞赛，培养孩子的网络技能，进而引导孩子健康上网。

家长要学会弹性指引 在帮助孩子摆脱网瘾的过程中，打骂、放任都不是好办法，正确的做法应该是定期与孩子互动，允许孩子有正常的社交、娱乐需求。不能因为担心孩子沉迷网络，就完全禁止孩子接触网络。

家长应该做好榜样作用 如果家长自身就沉迷网络，那又如何引导孩子正确上网呢？并且，在与孩子交流的过程中，家长应该善于发现孩子在网络上碰到的问题，并及时予以解答，还可以设置网络防火墙，避免孩子通过网络接触过多不良信息。

　　家长应冷静、理智面对　想要减少孩子的上网时间,家长可以多陪孩子与大自然接触,也可以发现孩子的长处,培养孩子的兴趣。例如,对于乐感强的孩子,家长可以让孩子适当参加乐器、舞蹈等兴趣班,从而达到帮助孩子将注意力从网络上转移开的目的。

　　网络引领便捷生活,是未来美好科技生活的向导,而不应该是令人堕落的毒品。让孩子远离网瘾,引导孩子正确、合理、适当地使用网络是每位家长的责任。

03 提升自我保护意识，保护孩子身心安全

网络上关于虐童、猥亵幼童的案件报道深深刺痛着每位家长的心，使全社会陷入了惶恐及信任危机中。父母们更是诚惶诚恐，生怕孩子受到伤害。在这样的环境下，父母该如何为未成年人撑起一把保护伞？

心理学家这样说：别让幼小的心灵留下阴影

心理学研究表明，一个人在幼年及童年时期遭遇的事情会长期储存在记忆中，并对他产生极其深远的影响。因而，虐童、猥亵等案件的影响不会只停留在肉体层面，肉体的伤痕会慢慢愈合，但造成的心理创伤会影响孩子一生。在孩子的是非观尚未建立之前，他们很容易将施虐者的行为视为正常的、普遍的情况，进而模仿，甚至成长为未来的施虐者。

孩子的恐惧感不容忽视

朋友曾向我抱怨，说自己的女儿暖暖回到家后经常哭闹着说以后不去幼儿园了，甚至连做梦都叫嚷着不要去幼儿园，这让她很苦恼。

听了朋友的这些话，我不由得感到心惊，便提醒她回去好好询问孩子是否在幼儿园受了什么委屈。后来朋友才知道，暖暖那几周来经常被幼儿园的老师体罚，所以在暖暖的心里，幼儿园已经不是之前那个快乐的天堂了。

提升孩子的自我保护意识

每位家长都希望给予孩子全方位的呵护，但他们不可能每时每刻都陪在孩子身边。孩子到了学龄阶段，就要进入校园。一些工作繁忙的家长会把孩子送去托管班，或者请专人接送。想要提高孩子学习成绩的家长，还会给孩子请家教。所以，提升孩子的自我保护意识就显得尤为重要。

识别"亲密"行为，防止性侵害　家长应当给孩子树立一个正确的性观念，对于任何人提出的性接触都要果断拒绝。首先，要让孩子知道自己身体的某些部位是别人不能随意触碰的，如胸部、两腿之间的私处、臀部等。然后，家长要教孩子辨别一些"亲密"行为，老师及叔叔阿姨在鼓励自己时做出的摸摸头、拍拍肩膀的行为是可以的，但如果有人把手伸向了自己的隐私部位，不管是陌生人还是熟悉的人都是不可以的，在面对不舒服的身体接触时，要勇敢说"不"。

不跟陌生人走　年幼的孩子还不具备分辨好人与坏人的能力，对于陌生人的搭话，他们并无防备，所以家长可以将一些类似的案例讲给孩子听，让他们明白跟陌生人走会有什么样的严重后果。家长要告诉孩子，如果以后遇到陌生人搭话，说要带他们去买玩具、去游乐场等情况，就要大声喊："我不认识你！"

别想欺负我 近来，校园霸凌也成为社会热点问题。那要怎样预防孩子受到伤害呢？首先，家长应时常教育孩子要与同学和睦相处，让孩子学会宽容。其次，不要去招惹那些比较强悍的同学。再次，如果遇到具有攻击性的大孩子，应该迅速离开，并尽快向周围的人寻求帮助。在逃不掉的情况下，可以用双手推开对方。在日常生活中，家长可以训练孩子两手握拳、两臂弯曲、护住脸部等自我保护姿势。

绝对不能保守的秘密 有些孩子在受到欺负甚至性侵行为后，总是把们当作秘密放在心里。一方面是因为他们受到了施虐者的威胁；另一方面，他们觉得这些事很丢人，不好意思说出来。为了防止这类事情的发生，家长应该在平时与孩子的交流中告诉孩子哪些是隐私，哪些事情必须说出来，只有说出来才能让自己在以后的生活中不受伤害，坏人才会得到惩罚。

我不会走丢 孩子在人口密集的场所会不自觉地兴奋，喜欢穿梭于人群中，并且会自信地告诉家长自己不会走丢。面对这种情况，家长在出门前就要叮嘱孩子，人多的时候一定要紧紧牵住爸爸妈妈的手，心中牢记报警电话和爸爸妈妈的电话号码。在日常生活中，家长也可以给孩子看一些由于儿童乱跑而造成恶果的案例，给孩子一些警示。

细心观察孩子的变化，做孩子的保护伞

案例中，暖暖的父母就因为缺乏敏锐的觉察能力，以至于孩子遭受一次又一次的伤害。事实上，虐童及猥亵事件可能就发生在我们身边，因此，家长应当更加全面地关心孩子的日常生活，给予他们更加全面的保护。那么，如何及时觉察孩子的情况，做到防患于未

然呢?

认真观察孩子的状态 父母在和孩子相处的时候,应当将全部注意力集中在孩子身上,感受孩子的情绪变化,尤其是在上学、放学的路上,孩子的状态是喜悦、恐慌、逃避,还是出现了更加极端的情绪。

了解孩子对上学的态度 通过询问孩子"要不要继续在学校里玩一玩"来了解孩子对学校的态度,判断孩子是否喜欢学校。正常情况下,孩子应该是愉快地接受或者陷入思考。如果孩子强烈拒绝,甚至哭闹,则是非常直接地表现出在学校不愉快。当然,家长也要区分孩子不喜欢学校的情绪是不是由于孩子离开父母时的分离焦虑感。

认真观察孩子的身体 在孩子洗澡或者沉睡时,通过观察、触摸等方法了解孩子的身体情况。当发现伤痕时,及时向老师核实原因,但要避免在没有实际证据的情况下,言辞激烈地质问老师,以免发生误会,或者激怒施虐者,进而造成对孩子的二次伤害。

保护孩子的前提应当建立在良好的亲子关系上 如果家长与孩子的亲子关系淡薄,那又能如何及时发现潜伏在孩子身边的危机呢?只有家长学会聆听,多与孩子沟通,才能及时掌握孩子在外的动态,避免悲剧的发生。

先建立安全感,再询问原因 在发现孩子对学校态度有异,或者孩子身上出现明显伤痕时,家长应该先为孩子建立安全感,而不是急切地追问孩子原因。大部分施虐者在施虐时会威胁孩子不要告诉别人,否则会受到更严苛的惩罚。此时最好的方法应该是为孩子建立安全感。但有时对于孩子而言,父母给予的安全感并不足以驱散他们的恐惧,而警察、正义使者、超人等形象更容易在孩子心里建立权威。父母可以告诉孩子："如果有人做了坏事，就会被警察叔叔抓走的"，从而引导他们说出自己的经历。

第一时间安抚孩子 如果伤害事件已经发生，家长应当第一时间对孩子进行安抚，告诉孩子出现这样的事情并不是因为他犯了错，尽可能缓解孩子的罪恶感。因为在是非观未健全的情况下，孩子很容易将这些伤害视为自己犯错的惩罚。接着，家长要告诉孩子，无论他遭遇了什么，爸爸妈妈都是无条件爱他的，让孩子感受到来自家庭的温暖与爱，避免孩子因为受虐而产生耻辱感。不要担心提及已经发生的悲剧会触及孩子内心的伤口。逃避才是更大的伤害，家长要让孩子了解事情的真相，与孩子一起探讨未来如何更好地进行自我保护。当然，家长要尽可能避免孩子出现在与施虐方、警察等交涉的场合中，以免孩子的内心再受煎熬。